生态学
实验教程

SHENGTAIXUE
SHIYAN JIAOCHENG

主　编： 李宗峰　陶建平　江　波

副主编： 林　锋　曾令清　赵海鹏　何跃军　类淑桐

编　委（按姓氏拼音排序）：

邓洪平 西南大学	何跃军 贵州大学	江　波 长江师范学院
类淑桐 临沂大学	李国勇 河南大学	李宗峰 西南大学
林　锋 西南大学	刘锦春 西南大学	施军琼 西南大学
陶建平 西南大学	王　微 重庆文理学院	魏　虹 西南大学
吴忠兴 西南大学	曾令清 重庆师范大学	张要军 河南大学
赵海鹏 河南大学		

西南大学出版社
国家一级出版社 全国百佳图书出版单位

图书在版编目(CIP)数据

生态学实验教程/李宗峰,陶建平,江波主编.—
重庆:西南大学出版社,2022.3(2024.3重印)
ISBN 978-7-5697-1291-9

Ⅰ.①生…Ⅱ.①李…②陶…③江…Ⅲ.①生态学
-实验-高等学校-教材Ⅳ.①Q14-33

中国版本图书馆CIP数据核字(2022)第029672号

生态学实验教程

李宗峰　陶建平　江　波　主　编

责任编辑:杜珍辉　鲁　欣

责任校对:赵　洁

装帧设计:闰江文化

排　　版:吴秀琴

出版发行:西南大学出版社(原西南师范大学出版社)

　　　　　重庆·北碚　邮编:400715

　　　　　网址:www.xdcbs.com

印　　刷:重庆紫石东南印务有限公司

幅面尺寸:195 mm×255 mm

印　　张:9.75

插　　页:2

字　　数:188千字

版　　次:2022年3月　第1版

印　　次:2024年3月　第2次印刷

书　　号:ISBN 978-7-5697-1291-9

定　　价:42.00元

前言
PREFACE

可持续建设和生态文明建设的提出与推进对解决环境污染、生态失衡、资源短缺与人口爆炸等全球性问题意义重大。在研究和解决这些问题的过程中,生态学得到了很大的发展。生态学实验课程作为生态学课程体系的重要组成部分,不仅是生态学理论课程的拓展,更是生态学基础理论验证、实践运用与综合创新的重要手段。

生态学实验课程致力于培养学生的思辨能力、实践能力、创新能力和综合运用能力,有助于人才培养和学科建设,服务于专业建设和科学研究。基于此,我们组织国内多所高校生态学教学一线的骨干教师编写了《生态学实验教程》,为本科专业教学服务,同时也为研究生教学提供参考。本书的编写基于生态学实验的课程特点和教学要求,充分考虑生态类、生物类、地理类、环境类和农林类等专业的人才培养和专业建设的需求,力求加强本书的基础性、综合性、应用性和创新性。为体现生态学实验课程教学的特点并保证教材的使用效果,本书的编写突出了以下几点。

注重实验原理,关注科学前沿。本教材对实验原理进行了较为详尽的梳理和阐述,在参考成熟的生态学理论和生态学实验教材的基础上,充分融合和借鉴国内外生态学研究的热点内容和相关成果,使实验原理更为完善和通俗易懂,实验操作更为可行,对学生的能力培养更为有效。

完善学科体系,丰富实验内容。基于生态学课程教学体系和本科教学的特点,本教材涵盖了统计学基础、个体、种群、群落、生态系统和生态因子等六个方面。每方面又设置了多个相应的实验项目,便于不同高校和不同专业教学内容的规划与实验项目的选择。

呈现重要文献,引导拓展阅读。每个实验项目都列举了相应的参考与拓展文献,包括专著、学术论文、国家标准等。所列文献既包括针对本实验项目的重要参考资料,也有基于本实验内容的拓展文献,旨在帮助和引导读者在顺利开展本实验项目的基础上进行扩展阅读。

本教材在各位编写人员的共同努力下完成,在此向他们表示衷心的感谢,同时感谢众多生态学前辈和科教工作者的辛勤付出和科技成果。鉴于编者能力所限,难免有不妥之处,恳请广大师生和读者予以指正,我们也将不断更正和完善。

编者

2022 年 2 月 22 日

目 录
CONTENTS

‖ 实验一 ‖
生态学实验的统计学基础

在生态学实验中,抽样调查、实验设计和统计分析是最基本的统计学理论和方法,学习和掌握这些统计学理论和方法,有利于学生科学设计实验,顺利开展实验工作,合理分析实验数据,构建完善的生态学实验理论体系和实践方法。本章内容旨在帮助学生理解生态学实验基础统计的原理和意义,掌握生态学研究中基本的统计学方法,利用统计学原理设计实验方案和开展实验工作,利用统计学软件和方法进行实验结果的统计分析。

一、抽样调查

在统计学中,具有相同性质的个体所组成的集合称为总体(population),记为 N。总体是指研究对象的合体,而组成总体的基本单位称为个体(individual)。从总体中抽出的若干个体所构成的集合称为样本(sample),构成样本的每个个体称为样本单元(sample unit),样本个体数目的大小称为样本容量(sample size),记为 n。一般在生物学研究中,样本容量 $n<30$ 的称为小样本,样本容量 $n \geq 30$ 的称为大样本。

样本的作用在于估计总体,从总体中获得样本的过程称为抽样。抽样的目的是通过对抽取样本的分析、研究结果来估计和推断总体的特性。在野外或实验室的抽样调查中,由于研究目的的不同和分析统计要求的差异,所要求的抽样方法也随之不同。抽样方法主要分为两种类型:主观抽样和客观抽样。

1.主观抽样

主观抽样(subjective sampling),也称为典型抽样(typical sampling),是抽样者根据初步资料或经验判断,有意识、有目的地选取一个典型群体作为代表(即样本)进行调查分析,以估计整个总体。主观样本如果选择合适,可得到较好、可靠的结果,以达到对总体特征进行估计的目的。从容量很大的总体中选取较小数量的抽样单位时,往往采用这种方法。其优点是简便迅速、省时省力,尤其在大范围路线调查中常常被采用,有经验的调查者往往可获得很有价值的结果。但是,主观抽样完全依赖于抽样者的经验和技能,结果很不稳定,且没有运用随机原理,因而无法估计抽样误差。

2.客观抽样

客观抽样(objective sample)是通过统计学的方法进行抽样,又叫概率抽样,是生态学研究中普遍采用的方法。在生态学研究中,常用的客观抽样有简单随机抽样、系统抽样、整群抽样和分层抽样等。

(1)简单随机抽样(simple random sampling)。

设总体个数为 N ,通过逐个抽取的方法抽取一个样本,且每个个体被抽到的概率相等,这样的抽样方法为简单随机抽样。简单随机抽样的样本可以用于统计分析,实验结果可进行统计学显著性检验。简单随机抽样有抽签、拈阄和随机数字表等方法,最好的方法是使用随机数字表进行抽样。通过以下例子来说明如何用随机数字表进行简单随机抽样。

假设从321个个体组成的总体中随机抽取30个样本进行统计分析。

①个体总数321为三位数,所以个体编号均为三位数,即从001—321。

②抽样的样本容量 $n=30$,查30个三位数的随机数字。用铅笔在随机数字表上任意点一点,假若点到奇数上就用第1页表,点到偶数上就用第2页表;在选定页上,再点一次,决定从哪个数字开始;从起点数字开始以三位数字为一节连续读下去,不用考虑数字间的间隙,可以正读、倒读、横向读、纵向读,也可以沿对角线方向读;选出小于或等于321的数字,大于321的数字则舍弃,直到取满30个数为止。

③编号与30个随机数字所对应的个体就构成一个随机样本。

简单随机抽样简单直观,是最基本的概率抽样方法,也是其他概率抽样方法的基础。但是,当总体容量较大时,个体编号比较麻烦或样本分散难以组织。所以,简单随机抽样方法多用于总体容量较小的情况。

(2)系统抽样(systematic sampling)。

系统抽样是依据一定的抽样距离,从总体中抽取样本。要从容量为 N 的总体中抽取容量为 n 的样本,可将总体分成均衡的若干部分,然后按照预先规定的规则,从每一部分抽取一个个体,得到所需要的样本。一般当总体容量较大,样本容量也较大时,采用系统抽样,系统抽样的步骤如下。

① 先将总体的 N 个个体编号。

② 确定分段间隔 k，对编号进行分段。当 N/n（n 是样本容量）是整数时，取 $k=N/n$。当 N/n 不是整数时，从总体中删除一些个体，使剩下的总体 N' 能被 n 整除，这时 $k=N'/n$，并将剩下的 N' 个个体重新进行编号。

③ 在第一段用简单随机抽样确定第一个个体编号 l（$l \leqslant k$）。

④ 按照一定的规则抽取样本，通常是将 l 加上间隔 k 得到第二个个体编号（$l+k$），再加上 k 得到第三个个体编号（$l+2k$），依次进行下去，直到获取整个样本。

系统抽样易于理解，容易得到一个按比例分配的样本。如果样本的观察单位在总体中分布均匀，其抽样误差小于简单随机抽样；但是，如果总体中观察单位按顺序有周期趋势或单调递增（减）趋势时，采用系统抽样可能会产生明显的系统误差。所以，系统抽样多用于观察单位具有现成且与实验无关的自然编号，同时观察单位在总体中分布均匀。

（3）整群抽样（cluster sampling）。

整群抽样是指整群地抽选样本单位，对被抽选的各群进行全面调查的一种抽样组织方式。整群抽样先将总体按照某种与主要研究指标无关的特征划分为 k 个"群"，然后从 k 个群中随机抽取若干个群，对这些群内所有个体或单元均进行调查。抽样过程可分为以下几个步骤：

① 确定分群的标准；

② 总体（N）分成若干个互不重叠的部分，每个部分为一群；

③ 据各样本容量，确定应该抽取的群数；

④ 采用简单随机抽样或系统抽样方法，从 k 群中抽取确定的群数。

整群抽样的随机性主要体现在"群"的抽取过程，其优点是便于组织调查、易于控制质量和节省调查成本；但是，当样本容量一定时，因为样本观察单位并非广泛散布于总体中，整群抽样的抽样误差一般大于简单随机抽样。所以，整群抽样常用于"群"间的个体变异较小时。

（4）分层抽样（stratified sampling）。

分层抽样是从一个可以分成不同子总体（或称为层）的总体中，按规定的比例从不同层中随机抽取个体的方法。在科学研究时，总体可以划分为若干子总体，这些子总体不仅特点不同，而且大小存在明显差异。如果采用简单随机抽样或系统抽样都

难以全面反映总体的组成,分层抽样更为合理。取样步骤如下:

① 确定突出的重要分类特征,用于将总体划分为子总体;

② 确定在每个层次上个体数量(子总体)占总个体数量(总体)的比例,利用这个比例,计算出样本中每层应调查的个体数;

③ 从每层中抽取独立简单随机样本。

分层抽样便于对不同层采用不同的抽样方法、对各层独立进行分析。但是,如果分层特征选择不当,层内变异较大,层间变异较小,抽样误差会很大,就失去了分层抽样的意义。

二、实验设计

根据生态学的研究对象和学科属性,生态学实验主要包括野外样地观测实验、田间小区对比实验和实验室模拟实验三大类。在实验之前要根据研究目的,按照统计学的要求设计出一套完整科学的实验方案。合理的实验设计,可能达到事半功倍的效果;反之,不合理的实验设计不仅浪费大量的时间和费用,而且实验结果也不能很好地解决预设问题。

1.实验设计基本原理

(1)假设。

生态学研究通常包括野外观察、提出假设、野外实验、实验室实验、数据整理与分析等环节。野外实验和实验室实验是验证假设的重要组成内容,属于实验法、建模法、文献法等验证方法的综合使用。生态学研究过程可描述为在野外观测的基础上,基于综合分析和归纳提出研究假设,并通过实验来验证它们是否具有可重复性和普适性。观察和实验结合是提出假设和验证假设的重要途径和必要手段。

(2)重复。

在实验中,同一处理设置的实验单位数,称为重复(replication)。在田间实验中,每一小区即为一个实验单位(experiment unit);在动物实验中,一群动物构成一个实验单位,有时一头动物也能构成一个实验单位。每个处理有两个或两个以上的实验单位,称为有重复的实验。重复既包括处理组的重复,也包括对照组的重复。重复最主要的作用是估计实验误差。实验误差是客观存在的,但只能通过同一处理内不同实验单位之间的差异来估计。如果每一处理只有一个实验单位,即只有一个观测值,则无从求得差异,也就无法估计误差。设置重复的另一主要目的是降低实验误差。重复越多,误差越小。重复次数的多少,可根据实验的要求和条件而定。理论研究表明,在总体方差等条件保持不变的情况下,只有当每个处理的重复次数都相等时实验误差才最小。因此,在可能的情况下,每个处理的重复次数都应该相等。

(3)随机化。

随机化(randomization)是指实验材料的配置和实验处理的顺序都是随机的。随机化的目的在于最大限度地消除个体之间各种差异和人为因素对实验结果的影响。随机化也是资料统计分析、统计推断的前提。在实验设计中贯彻随机化原则的重点在于保证每个受试对象都有同等的机会被随机地分配到对照组和实验组。随机化和重复相结合,实验就能提供无偏的实验误差估计值。可借助于计算机统计软件包或采用随机数字表对受试对象进行随机分配。

(4)区组化。

区组化是用来提高实验精确度的一种方法。一个区组就是实验材料的一个部分,相比于实验材料全部,它们本身的性质应该更为类似。在实验研究中,不仅要求有对照和重复,还要求各组间除了处理因素外,其他可能产生混杂效应的非处理因素(干扰因子)尽可能保持一致,即均衡性要好。区组化是处理干扰因子的有效手段。干扰因子会对实验结果造成影响,在实验中需要将这些因子造成的变异最小化。常见的干扰因子有实验材料的批次、操作者、实验时间以及实验空间等。

2.实验计划书的编制

在进行实验前,首先要编制一个实验计划书。一个完整的实验计划书主要包括国内外研究动态、实验目的、预期结果、实验设计的选择、实验方法的确定、田间规划和实验记录等7个部分。

(1)国内外研究动态。

在规划实验项目时,首先要查阅国内外相关研究资料,对该领域的研究现状进行分析,待研究的问题与已开展的工作有什么关系,已经取得了哪些成果及实践推广情况,从已有研究中我们可以借鉴到什么研究方法,在准备国内外研究动态时一定要仔细全面,并进行有效分析和归纳,避免盲目开展实验,做重复无效的工作。在撰写研究动态时,先用简短的语言把基本信息清晰、准确地传递给读者;然后陈述研究目的、理论基础和研究背景;构建实验项目的核心内容,即用简洁的语言陈述实验工作的内容,并进一步简述实验的理论和实践意义。

（2）实验目的。

实验工作要有明确的实验目的。实验目的就是为什么要做这项实验,即问题的提出,是实验的意义和理由。实验目的要表达实验开展的主要意图,譬如学生通过这个实验理解了实验原理,掌握了实验技术,或提升了实验能力、提高了实验素质,甚至解决了科学问题、推进了科学进展等。在说明实验目的时,要开门见山、简明扼要地说明实验的主要目标,以及为什么把这个目标作为实验目的。在陈述实验目的时,除了科学理论和实践目的外,还可以适度添加个人好奇心、社会责任感或者职业需要等某些个人目的。

（3）预期结果。

预期结果就是本实验最终要实现的结果和要达到的效果,也可以说是本实验要实现的具体目的。实验工作要投入人力、物力和时间等成本,实验完成后,究竟会取得哪些成果,这些成果在理论上和实践上有哪些价值,在做计划时应当给出一个预期值。预期结果一定要有根据,要对实验工作负责任,以科学的态度对实验结果做实事求是的预期。

（4）实验设计的选择。

实验设计的选择是实验计划书的核心,主要包括处理因素和水平的选择、观测值的选择、实验设计的选择和样本容量的选择等方面。

①处理因素和水平的选择。

处理因素（treatment factor）一般是指对受试对象给予的某种外部干扰（或措施）。处理因素又分单因素处理和多因素处理两种,分别为给予受试对象一个处理因素和多个处理因素。同一因素又可以根据不同强度分为若干个水平（level）。如果实验只有一个处理因素,称之为单因素实验。设计单因素实验是为了考察在该因素不同水平值上性状量值或反应量的变化规律,找出最佳水平或估计其总体变异。包含两个或两个以上处理因素的实验称为多因素实验。多因素实验的目的是考察反应量在各因素不同水平和不同水平组合上的变化规律,找出水平的最佳组合或估计总体变异。相对于单因素实验,多因素实验不但可以研究主效应,也可研究因素之间的交互作用。与处理因素相对应的是非处理因素,这是引起实验误差的主要来源,在实验设计时要引起高度重视,尽量加以有效控制。

在设计实验时,首先要考虑哪些因素会影响实验结果,什么因素是首要因素;同时,也要确定每个因素的水平。水平的确定是和因素的类型密切相关的。如果是固定型因素,则应考虑所选出的水平必须有代表性;如果是随机型因素,则应考虑如何从该因素的水平总体中随机抽出实验所需的水平。

②观测值的选择。

观测值(observation)是指通过测量或测定所得到的样本值,也称为响应变量(response variable)。许多指标的观测值具有直观的唯一确定性,此观测值即指标值。在实验设计中要选择合适的观测值,否则,很难达到预期的结果。对有些量,如角度、距离等,可以直接进行多次观测,以求得其最真值。但是,有些量并非直接观测值,而是根据一些直接观测值按一定的数学公式(函数关系)计算而得,因此称这些量为观测值的函数。选择哪些观测值,一定要在实验开始之前周密考虑、选择并确定。

③ 实验设计的选择。

在实验中,需要根据实验目的和实验内容等实验需求选择实验设计方式,合理安排和开展实验。实验设计方式有很多种,如果是单因素实验,可以选择完全随机化设计、随机化完全区组设计或拉丁方设计等;如果是两因素实验,根据实验的要求可选择两因素交叉分组设计、两因素随机化区组实验设计、裂区实验设计或套设计等;如是多因素实验,可以选择正交设计等。在实验设计的同时,还应考虑适当的统计模型和拟采取的统计分析方法,以便对数据做统计分析。

④样本容量的选择。

在制定实验计划时,首先必须确定希望在变量间发现多大的差异和允许冒多大的风险,以便确定样本容量(重复数)。如希望差异越小,所需的样本容量就越大;另外,容许犯错误的概率越小,样本容量也应越大。但是随着样本容量的增多,实验成本也增多。在设计实验时必须考虑统计的可靠性和花费代价之间的平衡,确定一个合适的样本容量。理论研究表明,在总体方差等条件保持不变的情况下,只有当每个处理的重复次数都相等时实验误差才最小。因此,在可能情况下,每个处理的重复次数都应该相等。按照概率论的理论,当 $n \geqslant 30$ 时,样本就属于大样本。

野外研究中,生境异质性难以快速判定,因此在研究条件允许的情况下,样本容量越大越好。另外,样本容量还与研究的尺度大小密切相关,尺度越大样本容量就应该越大。这是由于尺度越大生境的异质性必然越大,要准确估计总体的参数必然要求样本的含量越大。

（5）田间规划。

对于田间实验,除了考虑以上事项之外,还应注意实验地选择、土壤肥力勘测、隔离区设置、保护行设置、水源、小区规划、小区编号、田间规划图和播种(移植)计划等相关问题。同时,要注意考虑田间实验规划与野外实验、实验室实验等规划的异同点。

（6）实验方法的确定。

在选择了实验设计之后,就要考虑使用什么方法完成实验,考虑实验材料、试剂、器材、实验流程和经费核算等因素,以确保实验能够顺利开展。实验材料主要确定来源、质量、数量、预处理以及同质性等方面的内容,所需试剂主要包括种类、数量、供应商及配置方案等,实验器材主要确定种类、数量、规格、型号以及运行情况等方面,实验流程包括写出和熟悉流程及开展预备实验,经费核算也是实验方法确定的一个重要部分。

（7）实验记录。

实验记录包括记录实验过程和实验结果,主要包括实验室日志、仪器使用记录、实验原始记录和实验日志等。实验记录是总结研究结果和查找实验过程中出现问题的依据,所以要详细、完整。

3.简单实验设计

从生态学实验设计的角度,描述几种简单实验设计,如成组比较实验设计、配对比较实验设计和完全随机化实验设计等。

（1）成组比较实验设计。

成组比较实验设计的一般做法是:将实验材料随机分成两组(全部个体数之和最好是偶数),每组各接受一种处理,通过分析处理效应的差异是否由随机误差造成来判断是不是存在处理效应。当观测值 $k=1$ 时,属于一元分析问题;当 $k\geq 2$ 时,属于多元分析的问题。根据实验因素的类型,成组比较实验设计又分类别因素(categorical factor)和数量因素(numerical factor)两类,在设计实验时,对两种不同类型因素的处置都是一样的。

（2）配对比较实验设计。

在实验设计中,如果实验对象个体间内在变差,或者说由于遗传素质的差异所引起的变差很难消除,可以采用配对比较法设计实验。每一对之间的变差基本上是由于处理效应所造成的,与成组设计相比,产生实验误差的因素得到进一步控制。配对比较实验设计的使用范围很广泛,根据每对数据所对应条件的严格程度,可将配对比较实验设计为3种:①自身配对设计——每对数据测自同一受试对象;②同源配对设计——每对数据测自来源相同、性质相同的两个个体;③条件相近者配对设计——每对数据测自条件(最重要的非处理条件)相近的2个受试个体。一般来说,配对设计比成组设计更容易检验出两组数据平均数之间的差异。

(3)完全随机化实验设计。

完全随机化实验设计又称单因素设计,是将所有的受试对象随机地分配到对照组和处理组。该设计的特点是设计和处理比较简单,分组可以用抽签法,也可用随机数字表来解决。完全随机化实验设计中仅有一个实验因素,分为 r 个水平($r>2$),用随机化的方法将实验单元分为 r 组,每个实验组被随机地指派接受一种实验处理。

三、常用统计量的计算

在实验研究中,原始数据首先要进行分类,区分数据值变量(又分离散型变量和连续型变量)、类别变量等,然后按数值大小进行分组,制成次数分布表或次数分布图(如直方图、柱形图、条形图等),进而研究数据的集中和变异情况,从而对研究资料有初步的认识和判定。如果数据分布图大致呈两边对称的钟形,说明数据符合正态分布(normal distribution)规律。正态分布是连续性变量的理论分布,在理论和实践上都具有非常重要的意义,因为大部分统计运算都是以假定数据呈正态分布为前提的。如要进行两组数据平均数的假设验证,必须首先确认两组数据都呈正态分布。但是,生态学野外实验中取得的许多数据(如个体的空间分布、行为学记录数据等)往往不符合正态分布规律。因此,在进行数据的统计分析前,首先要判断其是否符合正态分布规律。如果数据不符合正态分布规律,可根据数据特性先将其进行简单的转换,如对数据进行对数、平方根、角度(反正弦等)等形式转换,再看其是否符合正态分布规律。如果仍不符合正态分布规律,则不能用通常的参数检验方法,而要用非参数检验法(nonparametric testing)进行统计分析。

1.算术平均数

平均数(mean),是指在一组数据中所有数据之和再除以这组数据的个数。平均数是反映数据集中趋势的一项指标,并且可以作为该数据的代表与另一组同类数据相比较,以明确两组数据之间的关系。平均数的种类很多,其中主要有算术平均数、中位数、众数和几何平均数等,其中使用最多的是算术平均数。

算术平均数(arithmetic mean)由资料中各观测值的总和除以观测值的个数所得,又称平均数或均数,通常用符号$\bar{x}$表示。它主要适用于服从正态分布的数值型数据,不适用于品质数据。算术平均数可根据样本大小及分组情况而分为简单算术平均数和加权算术平均数。

(1)简单算术平均数,主要用于样本容量$n<30$、未经分组的数据资料的平均数计算,计算公式为:

$$\bar{x} = \frac{x_1 + x_2 + \cdots + x_n}{n} = \frac{\sum x_i}{n}$$

式中:x_1、x_2、$\cdots$、x_n为研究样本的观测值。

(2)加权算术平均数,对于样本容量$n \geq 30$且已分组的资料,可以在次数分布表的基础上采用加权法计算平均数,计算公式为:

$$\bar{x} = \frac{f_1 x_1 + f_2 x_2 + \cdots + f_k x_k}{f_1 + f_2 + \cdots + f_k} = \frac{\sum f_i x_i}{\sum f_i}$$

式中:x_i——第i组的组中值;f_i——第i组的次数;k——分组数。

第i组的次数f_i是权衡第i组组中值x_i在资料中所占比重大小的数量,因此f_i称为是x_i的权。

2.样本方差和总体方差

统计中的样本方差(sample variance)主要用来反映数据的变异度,是每个样本值与全体样本值的平均数之差的平方值的平均数。样方方差的计算公式为:

$$s^2 = \frac{\sum (x_i - \bar{x})^2}{n - 1}$$

相应的总体参数叫总体方差(population variance),记为σ^2。对于有限总体而言,总体方差的计算公式为:

$$\sigma^2 = \frac{\sum (x - \mu)^2}{N}$$

式中:n是样本容量;$n-1$是样本的自由度(degree of freedom);μ为总体平均数;N为总体容量,s^2是σ^2的最佳估计值。

3.标准差

样本方差(s^2)是离均差平方的平均数,虽然在实际中应用最为广泛,但因它的单位是原始数据单位的平方,所以它不能直接指出某个数(x)与平均数($\bar{x}$)之间的偏离程度。因而引入标准差(standard deviation)表示数据中各个测量值的变异程度。样本标准差(standard deviation of the sample)的计算公式为:

$$s = \sqrt{\frac{\sum(x_i - \bar{x})^2}{n-1}}$$

总体标准差(standard deviation of the population)的计算公式为:

$$\sigma = \sqrt{\frac{\sum(x_i - \mu)^2}{N}}$$

4.标准误差

样本平均数的标准误差(standard error),简称平均数的标准误(standard error of mean),表示样本抽样误差的大小,是反映均数可靠性的参数。标准误差描述样本均数对总体均数的离散程度,标准误差小,说明抽样误差较小,样本均数与总体均数较接近,用样本均数代替总体均数的可靠性大;反之,标准误差越大则表示样本均数越不可靠。标准误差的计算公式为:

$$s_{\bar{x}} = \frac{s}{\sqrt{n}}$$

5.变异系数

变异系数(coefficient of variation)是样本变量的相对变异量。没有纲量,可用于比较两个或多个样本资料变异程度的大小。变异系数的大小不仅受变量值标准差的影响,而且还受变量值平均数的影响。变异系数的计算公式为:

$$CV = \frac{s}{\bar{x}} \times 100\%$$

6.样本平均数的假设检验

当总体方差σ^2已知,或者总体方差未知但样本数$n \geq 30$时,样本平均数的分布服从于正态分布,标准化后则服从于标准正态分布,即μ分布。因此,用μ检验(μ-test)法进行假设检验,μ检验可以用于一个样本平均数的检验,也可以用于两个样本平均数的比较检验。

当样本容量 $n<30$ 且总体方差 σ^2 未知时,要检验样本平均数 $\bar{x}$ 与指定的总体平均数 μ_0 之间的差异显著性,或检验两个样本平均数 $\bar{x}_1$ 和 $\bar{x}_2$ 所属总体平均数 μ_1 和 μ_2 是否相等,就必须使用 t 检验。

在对多个样本平均数进行比较时,无论使用 μ 检验还是 t 检验,检验过程都很烦琐,还会产生较大的误差,提高犯错概率,降低检验的灵敏度。因此,多个样本均数差别的显著性检验需要用方差分析,即 F 检验。以下对 μ 检验、t 检验和 F 检验的使用条件作逐一列举,具体检验方法请参考相关统计学资料。

(1)μ 检验。

①一个样本平均数的 μ 检验。

当总体方差 σ^2 为已知时,检验一个样本平均数 $\bar{x}$ 与指定的总体平均数 μ 是否属于某一平均数为 μ_0 的指定总体,无论其样本总量 n 是否大于等于30,均可采用 μ 检验法。当总体方差 σ^2 未知时,只要样本数 $n\geq30$,可用样本方差 s^2 代替总体方差 σ^2,仍可以用 μ 检验法。

②两个样本平均数比较的 μ 检验。

两个样本平均数比较的 μ 检验是要检验两个样本平均数 $\bar{x}_1$ 和 $\bar{x}_2$ 所属总体平均数 μ_1 和 μ_2 是否来自同一个总体。在两个样本方差 σ_1^2 和 σ_2^2 已知,或 σ_1^2 和 σ_2^2 未知,但两个样本都是大样本,即当 $n_1 \geq 30$ 和 $n_2 \geq 30$ 时,可用 μ 检验法。

(2)t 检验。

①一个样本平均数的 t 检验。

当总体方差 σ^2 未知,样本容量 $n<30$ 时,要验证平均数 $\bar{x}$ 是否属于平均数为 μ_0 的指定总体,需要用 t 检验法。因为小样本的样本方差 s^2 和总体方差 σ^2 相差较大,故 $\dfrac{\bar{x}-\mu}{s_{\bar{x}}}$ 遵循自由度 $df=n-1$ 的 t 分布。

②成组数据平均数的 t 检验。

当总体方差 σ_1^2 和 σ_2^2 未知,且两个样本都是小样本,可用 t 检验法验证两组平均数差异的显著性,主要分为三种类型:两样本的总体方差 σ_1^2 和 σ_2^2 未知,但可假设 $\sigma_1^2=\sigma_2^2=\sigma^2$ 时,可用 t 检验进行验证;两样本的总体方差 σ_1^2 和 σ_2^2 未知,且 $\sigma_1^2 \neq \sigma_2^2$(可由 F 检验得知),但当 $n_1 = n_2 = n$ 时,仍可用 t 检验进行验证;两样本的总体方差 σ_1^2 和 σ_2^2 未知,且 $\sigma_1^2 \neq \sigma_2^2$(可由 F 检验得知),但当 $n_1 \neq n_2$ 时,只能进行近似的 t 检验。

③成对数据平均数的t检验。

成对数据的比较要求两样本间——成对,每一对除随机地给予不同处理外,其他实验条件应尽量一致。在进行假设检验时,只要假设两样本的总体差数$\mu_d = \mu_1 - \mu_2 = 0$,而不必假定两样本的总体方差$\sigma_1^2$和$\sigma_2^2$相同,就可以使用$t$检验。一些成组数据,即使$n_1 = n_2$也不能用作成对数据的比较,因为成组数据的每一变量都是独立的,没有配对的基础。所以在实验研究中,为加强某些实验条件的控制,以设计可用于t检验的成对数据比较好。

(3)F检验。

F检验(F-test),又称方差分析,用于两个及两个以上样本均数差别的显著性检验。方差分析的基本原理是认为不同处理组的均数间的差别基本来源有两个:①实验条件,即不同的处理造成的差异,称为组间差异,用变量在各组的均值与总均值之偏差平方和的总和表示;②随机误差,如测量误差造成的差异或个体间的差异,称为组内差异,用变量在各组的均值与该组内变量值之偏差平方和的总和表示。方差分析的应用条件:① 各实验组平均数本身具有可比性。② 各实验组数据符合正态分布。对非正态分布的数据,应考虑用对数变换、平方根变换、倒数变换、平方根反正弦变换等变量转换方法使其分布呈正态或接近正态,再进行方差分析。③ 组间方差要整齐,先要进行多个方差的齐性检验。根据对观测变量产生影响的控制变量的多少,可以将方差分析分为单因素方差分析和多因素方差分析。

方差分析首先是在可比较的数组中,将全部观测值之间的总变异分解为由于随机误差等原因造成的组内变异和由于受外部因素的影响而造成的组间变异。然后通过计算F值来进行检验。其检验假设为:H_0表示多个样本总体平均数相等,H_1表示多个样本总体平均数不相等或不全相等。若组间变异与组内变异相差不大,则可认为实验处理对指标影响不大;若两者相差较大,则可说明实验处理的影响是很大的,不可忽视。

经过方差分析,若拒绝了检验假设,只能说明多个样本总体平均数不相等或不全相等。若要得到各组平均数间更详细的信息,应在方差分析的基础上进行多个样本平均数的两两比较。两两比较的方法很多,最常用的有新复极差法(如 duncan 法)和最小显著差法(如 LSD 法)等。

7.变量间关系研究

（1）相关分析。

相关分析（correlation analysis）是研究两个或两个以上处于同等地位的随机变量间的相关关系的统计分析方法,其主要目的是分析两个或两个以上变量间的相关程度和性质。相关关系（correlation coefficient）是一种非确定性的关系,相关系数是研究变量之间线性相关程度的量,其计算公式为:

$$r = \frac{\sum(x-\bar{x})(y-\bar{y})}{\sqrt{\sum(x-\bar{x})^2(y-\bar{y})^2}}$$

式中:$\bar{x}$和$\bar{y}$分别表示变量x和变量y的平均数。

一般地,r的取值为$-1 \leqslant r \leqslant 1$。$r=0$,表示$x$、$y$两个变量之间不存在线性关系;$r>0$,表示$x$、$y$两个变量之间的关系是正相关;$r<0$,表示$x$、$y$两个变量之间的关系是负相关。相关系数的绝对值越大,表示两个变量间的相关程度越密切。相关分析主要是研究变量之间关系的密切程度,并没有严格的自变量和因变量之分。

（2）回归分析。

回归分析（regression analysis）是处理变量之间具有相关关系的一种数理统计方法。表示原因的变量称为自变量,表示结果的变量称为因变量。回归分析的任务是揭示呈因果关系的相关变量间的联系,建立它们之间的回归方程,利用所建立的回归方程,用自变量（原因）来预测、控制因变量（结果）。

根据变量的多少,可以把回归分析分为一元回归分析和多元回归分析。一元回归分析是研究"一因一果",即一个自变量与一个因变量的回归分析。多元回归分析研究"多因一果",即多个自变量与一个因变量的回归分析。回归分析可分为线性回归分析与多元非线性回归分析两种。

①一元线性回归模型。

假定有两个相关变量x和y,通过实验或调查获得两个变量的n对观测值:(x_1,y_1),(x_2,y_2),$\cdots$,(x_n,y_n)。为了直观地看出x和y间的变化趋势,将每一对观测值在平面直角坐标系描点,作出散点图。从散点图可以看出:两个变量间的关系类型（直线型还是曲线型）,两个变量间关系的性质（正相关还是负相关）,两个变量间关系的程度（密切相关还是不密切）以及是否有观测值干扰。因此,散点图直观、定性地表示了两个变量之间的关系。为了探讨变量之间关系的规律性,还必须根据观测值将变量间的内在关系定量地表达出来。

假设两个相关变量$\hat{y}$和x的关系是直线关系,这种关系用方程表示为:

$$\hat{y} = a + bx$$

式中:x是自变量;$\hat{y}$是因变量;b为回归直线的斜率,称为回归系数;a为截距,表示x为0时y的数值。

可以根据实际观测值估计a、b的值,根据最小二乘法求出与实际观测值拟合最好的回归直线,也就是在xOy直角坐标平面上所有直线中最接近散点图中全部散点的直线:

$$a = \bar{y} - b\bar{x}$$

$$b = \frac{\sum(x - \bar{x})(y - \bar{y})}{\sum(x - \bar{x})^2}$$

②多元线性回归模型。

一般情况下,生态学研究对象具有多要素性,而且各要素之间相互联系、相互影响和相互制约,需要利用多元回归模型对空间对象进行研究。同样,多元回归模型也有线性和非线性之分。

假设自变量x_1,x_2,$\cdots$,x_m与因变量y皆成变量关系,则m元线性回归模型的公式为:

$$\hat{y} = a + b_1x_1 + b_2x_2 + \cdots + b_mx_m$$

逐步回归方程的实质是根据变量的重要性,利用相关检验方法,把不显著的变量删除,只选取那些重要变量进入回归方程。逐步回归模型的表达式与多元线性回归模型相同,只是最终的表达结果不一样。

四、参考与拓展文献

[1] 杜荣骞.生物统计学[M].4版.北京:高等教育出版社,2014.

[2] 付必谦,张峰,高瑞如.生态学实验原理与方法[M].北京:科学出版社,2006.

[3] 洛柯,斯波多索,斯尔弗曼.如何撰写研究计划书(第5版)[M].朱光明,李英武,译.重庆:重庆大学出版社,2009.

[4] 李春喜,姜丽娜,邵云,等.生物统计学[M].5版.北京:科学出版社,2013.

[5] 李际. 生态学假说试验验证的原假说困境[J]. 应用生态学报, 2016, 27(6): 2031-2038.

[6] 牛海山, 崔骁勇, 汪诗平, 等. 生态学试验设计与解释中的常见问题[J]. 生态学报, 2009, 029(7): 3901-3910.

[7] 沙尼, 格维茨. 生态学实验设计与分析(中文版)[M]. 牟溥, 译. 北京: 高等教育出版社, 2008.

[8] 孙振钧, 周东兴. 生态学研究方法[M]. 北京: 科学出版社, 2010.

[9] 章家恩. 普通生态学实验指导[M]. 北京: 中国环境科学出版社, 2012.

[10] 张峰, 武玉珍, 张桂萍, 等. 生态学研究中常见的统计学问题分析[J]. 植物生态学报, 2006, 30(2): 361-364.

[11] 张金屯. 数量生态学[M]. 2版. 北京: 科学出版社, 2011.

‖ 实验二 ‖
水分和温度对种子萌发的影响

一、实验目的

理解水分和温度对种子萌发的作用和影响,掌握种子活力、种子发芽率和种子发芽势等指标的检测方法,了解不同物种的种子在不同生态因子影响下发芽率和发芽势的差异,认识生态因子对生物的影响以及不同生物对生态因子的不同响应。

二、实验原理

种子萌发的过程是一个复杂的生理生化反应过程,主要包括种子吸水,物质分解和合成,以及胚根、胚芽出现等。种子萌发是植物生活史中的起始阶段,在这一阶段,种子对外界的环境因子反应敏感,而种子发芽率的高低是决定植物幼苗建成和植被建植成败的关键因素之一。水分和温度是影响种子萌发的两大主要生态因子,适宜的土壤水分与环境温度是种子正常萌发的必要条件,当水分与环境温度发生改变时,种子的萌发会受到影响。

水能软化种皮,增强透性,使呼吸加强,同时水能使得种子内凝胶状态的原生质转变为溶胶状态,使生理活性增强,促进种子的萌发,所以种子萌发时需要更多的水分。在干旱和半干旱地区,水分是调控植物生长的关键因子,植物可通过调整不同器官的生长来适应外界土壤水分的变化。

温度是影响种子萌发最关键的生态因子之一,适宜的温度对种子萌发具有促进作用,但过高和过低的温度对种子萌发均有不同程度的影响。在适宜种子萌发的温度范围内,膜脂的流动性和酶的活性随温度的升高达到最佳,因而种子不仅发芽率很高,而且萌发速度也快。如温度高于这一范围,会导致生物膜由凝脂态变为液态,透性增大,膜内外的物质无选择性地自由进出;膜相的改变会导致膜上酶的位置发生改变,种子内部的一些酶会由于失去最佳温度环境而使活性逐渐降低甚至失活,致使整个种子的代谢活动减弱甚至停止,种子发芽率降低甚至不能萌发。如温度低于这一范围,会导致生物膜由凝脂态变为固态,膜流动性减小,膜内外的物质交换困难;种子内部一些酶的活性逐渐降低甚至失活,种子的代谢活动减弱甚至停止,种子的发芽率也会降低甚至不能萌发。

种子发芽率、发芽势、发芽指数和活力指数等是评价和判断种子对水分和温度因子响应的有效指标。

1.种子活力

种子活力是指种子的健壮程度,是种子内在的发芽、生长及生产的潜力。种子活力指种子生命的有无,测定种子活力是检验种子品质的重要内容。TTC法测定种子活力,计算公式如下:

$$种子活力(\%) = \frac{胚被染色的种子数}{总检测种子数} \times 100$$

注:只有种子活力达到95%及以上的种子才可用于后续的实验。

2.种子发芽率

发芽率指测试种子发芽数占测试种子总数的百分比。发芽率是决定种子品质和种子实用价值的依据。

$$种子发芽率（\%）= \frac{M_1}{M} \times 100$$

式中:M_1为全部正常发芽种子个数;M为供试种子总数。

3.种子发芽势

发芽势是指在发芽过程中日发芽种子数达到最高峰时,发芽的种子数占供试种子数的百分率,一般以发芽实验规定期限的最初1/3期间内的种子发芽数占供试种子数的百分比为标准。发芽势的高低是判别种子质量优劣、出苗整齐与否的重要标志,也与幼苗强弱和产量高低有密切的关系。发芽势高的种子,表示种子生活力强,出苗迅速,整齐苗壮。

$$种子发芽势（\%）= \frac{M_2}{M} \times 100$$

式中:M_2为发芽势天数内正常发芽种子的个数;M为供试种子总数。

三、实验用品

1.材料

小麦、黄豆、玉米等种子。

2.试剂

2,3,5-氯化三苯基四氮唑(TTC)。

3.器材

培养皿(直径10 cm)、滤纸、光照培养箱、水浴锅、电子天平、烧杯、容量瓶、试剂瓶、棕色试剂瓶、镊子、刀片、剪刀、记号笔等。

四、实验内容

1.种子活力检测

采用TTC法测种子的活力:随机取检测过净度的实验种子100粒在30~35 ℃温水中浸种8 h,待种子吸胀后用刀片沿种子胚的中心线将种子纵切为两半。将其中的一半置于烧杯中,加入适量的0.5% TTC,以淹没种子为好,然后置于30 ℃恒温箱中1 h左右;将另一半在沸水中煮5 min杀死胚,作同样染色处理,作为对照。染色结束后倒出TTC溶液,用清水冲洗种子1~2次,随即观察和记录种胚染色情况:凡胚被染为红色的是活种子。重复3次。

2.种子发芽率和发芽势测定

(1)选饱满均匀的种子洗净后用蒸馏水浸泡48 h,然后将种子放在75%乙醇溶液中浸泡消毒4 h后将种子用蒸馏水冲洗数遍。

(2)取洗净烘干的培养皿12个,在培养皿底部铺两层滤纸,每皿均匀放置20粒种子,种粒间保持一定距离。

(3)随机选取6个放置好种子的培养皿进行适量水分处理(加水约5 mL),剩余6个放置好种子的培养皿进行过量水分处理(加水20 mL)。

(4)将两个光照培养箱分别设为10 ℃和20 ℃。在每个培养箱中分别随机放置3个适量水处理的培养皿和3个过量水处理的培养皿。

(5)每天早晚观察一次,定时补充水分,记录种子萌发情况并填入表2-1。

表2-1 种子萌发情况记录表

观察日期	处理											
	10 ℃						20 ℃					
	适量水分			过量水分			适量水分			过量水分		
	1	2	3	1	2	3	1	2	3	1	2	3
第1天												
第2天												
第3天												
…												

3.数据处理与统计

汇总全班实验数据,统计分析种子活力、种子发芽率和种子发芽势等指标。

4.注意事项

(1)实验过程中,要定时检查、补充水分,保证适量水和过量水的处理条件。

(2)为保证实验效果和比较不同生态因子对不同物种种子萌发的影响,可以分实验小组处理不同的种子。

五、思考题与作业

(1)基于实验结果,分析不同生态因子(条件)对不同物种种子萌发的影响。

(2)试分析恒温与变温两种处理条件对植物种子萌发的影响。

(3)通过动物捕食而传播的植物种子往往深藏在动物粪便中,试结合本实验的结果来分析这种传播方式对种子的萌发和生长的利弊。

六、参考与拓展文献

[1] 付必谦,张峰,高瑞如.生态学实验原理与方法[M].北京:科学出版社,2006.

[2] 李洁,徐军桂,林程,等.引发对低温胁迫下不同类型玉米种子萌发及幼苗生理特性的影响[J].植物生理学报,2016,52(2):157-166.

[3] 姜汉侨,段昌群,杨树华,等.植物生态学[M].2版.北京:高等教育出版社,2010.

[4] 王传旗，梁莎，张文静，等.温度和水分对赖草种子萌发的影响[J].草业科学，2018，35(6)：1459-1464.

[5] 徐恒恒，黎妮，刘树君，等.种子萌发及其调控的研究进展[J].作物学报，2014，40(7)：1141-1156.

[6] 徐文强，杨祁峰，牛俊义，等.温度与土壤水分对玉米种子萌发及幼苗生长特性的影响[J].玉米科学，2013，21(1)：69-74.

[7] 杨持.生态学[M].3版.北京：高等教育出版社，2014.

[8] 杨允菲，祝廷成.植物生态学[M].2版.北京：高等教育出版社，2011.

[9] 周长发，吕琳娜，屈彦福，等.基础生态学实验指导[M].北京：科学出版社，2017.

‖ 实验三 ‖
干旱胁迫对植物生长的影响

一、实验目的

理解干旱对植物生长胁迫的原理及植物生长指标与土壤水分含量之间的关系，掌握植物根系形态和叶片含水量等指标的测定方法，了解植物根系形态和叶片含水量对干旱胁迫的响应。

二、实验原理

干旱是一种严重的缺水现象，可以分为大气干旱和土壤干旱两种类型。大气干旱的特征是温度高而空气的相对湿度低，它能使植物的蒸腾大于吸水，破坏植物的水分平衡。大气干旱如果长期存在，便会引起土壤干旱。土壤干旱是指土壤中缺乏植物能够吸收的水分，土壤干旱会导致植物生长困难甚至停止，受害程度比大气干旱更为严重。干旱是植物在生长过程中经常会面临的重要环境胁迫之一。干旱使植物体内的生理活动受到破坏，并使水分失衡，轻则使植物生殖生长受阻、产品质量下降、抗病虫害能力减弱，重则导致植物长期处于萎蔫状态甚至死亡。研究植物在干旱胁迫条件下的生物学特性和生态学特性，是掌握和了解植物的吸水机制与用水策略的重要前提，同时也将为植物保护和植被恢复重建提供理论依据。

植物对干旱胁迫的响应包括在形态学、解剖学和细胞水平等方面进行的一系列调整。当土壤水分匮乏时，植物组织表现出缺水状态；当水分充足时，植物组织表现为水饱和。植物根系是活跃的吸收和合成器官，其形态特征能影响水分吸收并最终影响植物地上部分的生长及最终产量，与植物的耐旱性密切相关。植物叶片作为植物水分散发最大的器官，对水分变化尤为敏感。在干旱胁迫下，植株通常表现出矮化，多呈灌丛状、丛生，基部多分枝，且基径较大；根系生长快，发达且深；叶片小而厚，叶片细胞质中的叶绿素受胁迫降解，叶黄素含量增多。

通过检测植物的鲜重、根系形态、根系活力、叶片含水量、叶片水势、叶片叶绿素含量、叶片光合特性的变化,可以深入研究和认识植物的抗旱性,揭示其适应机制,进而为抗旱植物的选育和抗旱植物的栽培管理提供科学依据。

植物叶片含水量公式为:

$$叶片含水量(\%) = \frac{W_f - W_d}{W_f} \times 100$$

$$W_f = W_2 - W_1$$

$$W_d = W_3 - W_1$$

式中:W_f为叶片鲜重;W_d为叶片干重;W_1为铝盒重量;W_2为新鲜叶片加铝盒的重量;W_3为烘干叶片加铝盒的重量。

三、实验用品

1.材料

玉米种子,培养土(深度0~25 cm的表层土,风干后过2.5 mm筛,充分混合)。

2.试剂

过氧化氢(H_2O_2)。

3.器材

根系扫描仪、电子天平(0.001 g)、分析天平(0.0001 g)、植物培养箱、铝盒、烘箱、剪刀、烧杯、容量瓶、量筒、培养皿、塑料盆、塑料桶等。

四、实验内容

1.实验步骤

(1)将玉米种子用蒸馏水充分清洗后放入培养皿中,用8%的过氧化氢(H_2O_2)浸泡消毒10 min,洗净后加蒸馏水在植物培养箱(30 ℃)中浸种48 h(期间换水两次),然后将种子置于约28 ℃下催芽24 h。

(2)选择发芽一致的种子播种于装有2500 g培养土的塑料盆(高18 cm,直径18 cm)中,共20盆,每盆6粒种子,隔1 d浇一定量的蒸馏水,使其土壤水分保持土壤最大持水量的80%。为了确保处理时的均匀性,待出苗后每个塑料盆内只保留3株长势健康一致的幼苗。

（3）待玉米长至两叶一心时，在20盆玉米中随机选择15盆，再随机分成3组各5盆，分别进行轻度胁迫（保持土壤水分含量为最大持水量的65%）、中度胁迫（保持土壤水分含量为最大持水量的55%）和重度胁迫（保持土壤水分含量为最大持水量的35%）处理，剩下5盆作为对照（保持土壤水分含量为最大持水量的80%）。每天采用称重法进行补水控水，保持各处理的土壤水分含量。

（4）干旱胁迫处理一周后，将20盆玉米搬回实验室，每盆选择1株玉米，用剪刀剪下其倒一叶的叶片，放入提前称好重量的铝盒（W_1）中，用分析天平称总重，记为W_2，称完后将铝盒置于85 ℃烘箱中烘干至恒重并称重，记为W_3。实验数据记入表3-1中。

表3-1　玉米叶片含水量记录表

处理	对照组					轻度胁迫组					中度胁迫组					重度胁迫组				
重复	1	2	3	4	5	1	2	3	4	5	1	2	3	4	5	1	2	3	4	5
W_1/g																				
W_2/g																				
W_3/g																				
W_f/g																				
W_d/g																				
LWC/%																				

（5）将步骤（4）处理后的玉米植株（或每盆另选1株）的根系小心清洗干净，用剪刀剪下清洗后玉米植株的整个根系，尽量使根系保持完整，利用根系扫描仪对根系图像进行分析，将玉米植株的总根长、根表面积、根平均直径和总根体积等数据记入表3-2中。

（6）苗鲜重和根鲜重的测定：每盆选择1株玉米，清洗干净，用吸水纸将水分吸干，将植株分成地上部（苗）和地下部（根）两部分，然后用电子天平称量苗鲜重和根鲜重。观测数据记入表3-2中。

（7）将实验数据进行统计处理，分析植物叶片含水量、根系形态和植株的鲜重（苗鲜重和根鲜重）等指标变化与干旱胁迫的关系。

表3-2　玉米生长指标观测记录表

处理	对照组					轻度胁迫组					中度胁迫组					重度胁迫组				
重复	1	2	3	4	5	1	2	3	4	5	1	2	3	4	5	1	2	3	4	5
总根长/cm																				
根表面积/cm²																				
根平均直径/cm																				
总根体积/cm³																				
苗鲜重/g																				
根鲜重/g																				

2.注意事项

(1)为确保实验工作的科学性和准确性,用于培养的土壤基质要保持一致。

(2)清洗植物根系时,将花盆放入水中,浸透后轻轻来回晃动花盆,以免伤到细根。

(3)为减少工作量和保证实验效果,不同处理可由不同的实验小组来完成,并保证实验重复次数。

五、思考题与作业

(1)除实验中观测的植物叶片含水量、根系形态和植株的鲜重(苗鲜重和根鲜重)等指标外,还可以用哪些指标来反映植物对干旱胁迫的响应?

(2)除了用直接控制土壤水分含量的方法来进行干旱处理,还有什么方法可以用来模拟干旱胁迫?

六、参考与拓展文献

[1] 付必谦,张峰,高瑞如.生态学实验原理与方法[M].北京:科学出版社,2006.

[2] 高玉葆,石福臣.植物生物学与生态学实验[M].北京:科学出版社,2008.

[3] 姜汉侨,段昌群,杨树华,等.植物生态学[M].2版.北京:高等教育出版社,2010.

[4] 卢福浩,沙衣班·吾布力,刘深思,等.根深决定不同个体大小梭梭对夏季干旱生理响应的差异[J].生态学报,2021,41(8):3178-3189.

[5] 谭永芹,柏新富,朱建军,等.干旱区五种木本植物枝叶水分状况与其抗旱性能[J].生态学报,2011,31(22):6815-6823.

[6] 杨持.生态学[M].3版.北京:高等教育出版社,2014.

[7] 杨持.生态学实验与实习[M].3版.北京:高等教育出版社,2017.

[8] 曾凡江,李向义,张希明,等.极端干旱条件下多年生植物水分关系参数变化特性[J].生态学杂志,2010,29(2):207-214.

[9] 章家恩.普通生态学实验指导[M].北京:中国环境科学出版社,2012.

[10] 周长发,吕琳娜,屈彦福,等.基础生态学实验指导[M].北京:科学出版社,2017.

‖ 实验四 ‖
淹水胁迫对植物生长的影响

一、实验目的

理解淹水对植物生长胁迫的机制以及植物生长指标与土壤水分含量之间的关系,掌握淹水胁迫下植物根系形态和叶片含水量等一系列生长指标的测定方法和变化规律,了解常见植物的耐淹能力,进而为耐淹植物筛选、江河湖泊库岸消落区与湿地植被恢复与重建提出相应的技术措施与建议。

二、实验原理

淹水胁迫是由于土壤水分过多或大气湿度过高引起的,如在某些排水不良或地下水位过高的土壤和低洼、沼泽地带,江河湖泊库岸消落区,在洪水或暴雨之后,常会出现较长时间的淹水,会对植物造成淹水胁迫。

淹水环境会对植物的根系造成不良影响。首先由于土壤孔隙被水充满,通气状况严重恶化,因而造成植物根系处于缺氧环境,抑制有氧呼吸,阻止根系吸收水分和矿物元素。然后随着土壤含氧量显著下降,嫌气性微生物的活动加强和有机物的嫌气分解,逐渐发生 CO_2 的大量积累,进而使原生质及原生质膜发生变化而减弱透性,使水分通过皮层向木质部的移动减缓,根的活动受到限制。而后由于有机质的嫌气分解,土壤的氧化还原电势下降的同时会积累对植物有害的还原物质,如 H_2S、Fe^{2+}、Mn^{2+} 以及有机酸,这些有害物质将直接毒害根系,导致根系逐渐变黑甚至腐烂。

淹水环境也会对植物的地上部分造成不良影响。首先,光合作用停止;其次,植株内部的含氧量降低,有氧呼吸衰退,而无氧呼吸增强;最后,无氧呼吸代替有氧呼吸。待呼吸基质消耗尽,植物呼吸便停止,植物叶片自下而上开始萎蔫,接着枯黄脱落,植株很快会死亡。

植物在淹水胁迫下,自身的代谢平衡被破坏,严重时植物会逐渐死亡,但通常植物会通过生理调节和形态改变来抵抗淹水胁迫。淹水胁迫下,有氧呼吸被抑制,植物通过无氧呼吸产生能量来暂时维持植株生长。此外,有些植物还会通过在根内形成通气组织或凯氏带来适应淹水胁迫。通气组织能为根系提供氧气运输的通道,同时还能把部分有害物质向上运输。凯氏带使得所有的水分和无机盐只有经过内皮层的原生质体才能进入维管柱,从而保护了维管柱。

通过设计淹水胁迫实验,检测植物的鲜重、根系形态、根系活力、叶片含水量、叶片水势、叶片叶绿素含量、叶片光合特性的变化,可以深入认识植物的耐淹性状,有利于揭示其适应机制,为消除或降低淹水胁迫带来的副作用提供相关参考。

三、实验用品

1.材料

大豆种子,培养土(深度0~25 cm的表层土,风干后过2.5 mm筛,充分混合)。

2.试剂

过氧化氢(H_2O_2)。

3.器材

根系扫描仪、分析天平(0.001 g)、分析天平(0.0001 g)、植物培养箱、铝盒、烘箱、剪刀、烧杯、容量瓶、量筒、培养皿、塑料盆、塑料桶等。

四、实验内容

1.实验步骤

(1)将大豆种子用蒸馏水充分清洗后放入培养皿中,用8%的过氧化氢(H_2O_2)浸泡消毒10 min,洗净后加蒸馏水在植物培养箱(30 ℃)中浸种48 h(期间换水两次),然后将种子置于约28 ℃下催芽24 h。

(2)选择发芽一致的种子播种于装有2500 g培养土的塑料盆(高18 cm,直径18 cm)中,共10盆,每盆随机播种6粒种子,隔1天浇蒸馏水50 mL。

(3)待大豆第一对初生叶长足后,每个盆内保留3株健康且长势一致的幼苗,随机选择其中的5盆大豆进行淹水胁迫处理,另外5盆按常规管理作为对照组。

（4）将淹水胁迫处理组的5盆大豆放入大塑料桶中，加入大量蒸馏水，保持水面高出大豆苗基部3~4 cm，隔1天检查并补充水分，保持淹水状态。淹水胁迫处理1周后（处理时间视实际情况而定），将淹水胁迫处理组的5盆大豆搬出。

（5）用剪刀剪下处理组和对照组每盆其中1株大豆幼苗相同部位的叶片，放入铝盒（事先称重，记为W_1）中，再用分析天平称重（记为W_2），称完后将铝盒置于烘箱中于85 ℃下烘干至恒重并称重（记为W_3）。实验数据记入表4-1中。

表4-1　大豆叶片含水量记录表

处理	对照组					处理组				
重复	1	2	3	4	5	1	2	3	4	5
W_1/g										
W_2/g										
W_3/g										
W_f/g										
W_d/g										
LWC/%										

（6）将步骤（5）中实验植株（或每盆中另选1株大豆植株）的根系清洗干净，将整个根系用剪刀剪下，尽量使根系保持完整，利用根系扫描仪扫描，并对根系图像进行分析，将大豆植株的总根长、根表面积、根平均直径和总根体积记录在表4-2中。

表4-2　大豆生长指标观测记录表

处理	对照组					处理组				
重复	1	2	3	4	5	1	2	3	4	5
总根长/cm										
根表面积/cm²										
根平均直径/cm										
总根体积/cm³										
苗鲜重/g										
根鲜重/g										

（7）苗鲜重和根鲜重的测定：每盆选择1株大豆植株，清洗干净，用吸水纸将水分

吸干,将植株分成地上部(苗)和地下部(根)两部分,用电子天平分别称量苗鲜重和根鲜重,称量数据记入表4-2中。

(8)将实验数据进行统计处理,分析植物叶片含水量、根系形态和植株的鲜重(苗鲜重和根鲜重)等指标变化与淹水胁迫的关系。叶片含水量参考"实验三 干旱胁迫对植物生长的影响"中叶片含水量的计算方法。

2.注意事项

(1)为确保实验工作的科学性和准确性,用于培养的土壤基质要保持一致。

(2)清洗植物根系时,将花盆放入水中,浸透后轻轻来回晃动花盆,以免伤到细根。

(3)具体开展实验时,可改变淹水时间和淹水深度等处理条件,不同处理可由不同的实验小组来完成,并保证实验重复次数。

五、思考题与作业

(1)除实验中观测的植物叶片含水量、根系形态和植株的鲜重(苗鲜重和根鲜重)等指标外,还可以用哪些指标来反映植物对淹水胁迫的响应?并说明相关响应机理。

(2)查阅资料,归纳总结常见植物的淹水胁迫症状以及植物自身对淹水胁迫的响应机制。

六、参考与拓展文献

[1] 付必谦,张峰,高瑞如.生态学实验原理与方法[M].北京:科学出版社,2006.

[2] 李文静,朱进,彭玉全,等.淹水胁迫对油麦菜生长、生理和解剖结构的影响[J].植物生理学报,2020,56(10):2233-2240.

[3] 姜汉侨,段昌群,杨树华,等.植物生态学[M].2版.北京:高等教育出版社,2010.

[4] 潘澜,薛晔,薛立.植物淹水胁迫形态学研究进展[J].中国农学通报,2011,27(7):11-15.

[5] 潘澜,薛立.植物淹水胁迫的生理学机制研究进展[J].生态学杂志,2012,31(10):2662-2672.

[6] 杨持.生态学[M].3版.北京：高等教育出版社，2014.

[7] 杨持.生态学实验与实习[M].3版.北京：高等教育出版社，2017.

[8] 杨允菲，祝廷成.植物生态学[M].2版.北京：高等教育出版社，2011.

[9] 章家恩.普通生态学实验指导[M].北京：中国环境科学出版社，2012.

‖ 实验五 ‖
盐胁迫对植物生长的影响

一、实验目的

理解盐胁迫影响植物生长的机制以及植物遭受盐胁迫后的抵御机制和生态响应,掌握株高、根长、鲜重、叶面积和叶绿素含量等各项指标的观察和测定方法,通过绘制盐浓度与生长指标之间的相关曲线了解各项指标在盐胁迫条件下的变化趋势。

二、实验原理

盐胁迫是指植物由于生长在高盐浓度生境而受到的高渗透势的影响。盐胁迫是影响植物生长和产量的主要环境因子之一,高盐会造成植物减产或死亡。各种盐类都是由阴阳离子组成的,盐碱土中所含的盐类主要是由四种阴离子(Cl^-、SO_4^{2-}、CO_3^{2-}、HCO_3^-)和三种阳离子(Na^+、Ca^{2+}、Mg^{2+})组合而成。阳离子与 Cl^-、SO_4^{2-} 所形成的盐为中性盐,阳离子与 CO_3^{2-}、HCO_3^- 所形成的盐为碱性盐,其中对植物危害较大的盐类有 Na 盐和 Ca 盐,以 Na 盐的危害最为普遍。盐胁迫下,所有植物的生长都会受到抑制,不同植物对于盐胁迫的耐受水平和生长降低率不同。同时,盐胁迫几乎影响植物所有重要的生命过程,如生长发育、光合作用、蛋白合成、生产代谢、水分代谢及离子吸收等生理生化过程,也会影响植物生物量的积累与分配及根、茎、叶等器官的形态结构。

盐分通过渗透胁迫、离子毒害,使植物细胞膜透性发生改变,造成氧化胁迫、代谢紊乱及蛋白质合成受阻等。盐胁迫首先会降低植物的吸水能力而导致植物生长受到抑制,这被称为渗透胁迫。渗透胁迫是植物暴露于高盐环境中的第一次胁迫,它会直接影响植物的生长。如果过量的盐进入植物的蒸腾流中,则会对叶片中的细胞造成伤害,从而影响植物的生长,这被称为离子过剩效应。其次,当盐水平达到阈值时,离子毒害就会发生,超过这个阈值,植物就不能维持离子的平衡并且还可能引起氧化胁迫等次级反应,会严重伤害植物甚至致死。

植物在盐胁迫下,通过生理代谢来适应或抵抗进入细胞的盐分危害,植物这种对盐胁迫的耐受能力称为耐盐性。盐胁迫下植物自身也会产生一系列生理生化的改变以调节离子及水分平衡,维持植物正常的光合作用,主要体现在植物对离子的选择性吸收和区域化作用、渗透调节、光合作用途径的改变以及活性氧清除机制等方面。同时,在盐胁迫下,植物根、茎、叶等营养器官的外部形态和内部结构也会发生一系列的相应改变,来抵制盐胁迫的伤害及提升生存适应能力。

三、实验用品

1.材料

玉米、大豆、小麦、棉花、水稻等植物的种子,培养沙(沙子过 2 mm 筛,并在 150 ℃下消毒 12 h)。

2.试剂

过氧化氢(H_2O_2)、不同浓度的 NaCl 溶液(用 Hoagland's 营养液配制)、Hoagland's 营养液(配方见附表 1)。

3.器材

电子天平、烘箱、光照培养箱、叶面积测定仪、叶绿素测定仪、钢卷尺、培养皿、一次性塑料盆等。

四、实验内容

1.实验步骤

(1)选用饱满的玉米种子,用 H_2O_2(10%)消毒 10 min,蒸馏水浸泡 48 h 后,置于 30 ℃培养箱中催芽,萌芽后均匀播在装有培养沙的一次性塑料盆(直径 9 cm,沙面低于盆口约 2 cm)中,每盆播种 5 粒种子,共 21 盆,置于光照培养箱中培养。玉米幼苗的培养条件为:白天 10 h,湿度 80%,温度 25 ℃;夜间 14 h,湿度 75%,温度 25 ℃。用 Hoagland's 营养液每天浇灌。

(2)待玉米幼苗长至三叶一心时(培养 20 d 左右),每盆保留健康且生长一致的 3 株幼苗进行盐胁迫处理。分 6 个处理组(NaCl 溶液浓度分别为 0.5%、1%、2%、3%、4%、

5%）和1个对照组（NaCl溶液浓度为0%），每组3个重复。

（3）实验材料处理1周后进行叶绿素含量、叶面积、株高、根长、鲜重（苗重和根重）等生长指标的测定。

①叶绿素含量测定：每盆选择1株用于叶绿素含量的测定。叶绿素含量可以采用比色法或纸层析法测定，也可直接利用叶绿素测定仪进行测定。测定时要选取同一生长期的叶片。

②叶面积测定：每盆另选1株用以叶面积的测定。叶面积可使用剪纸称重法或直接使用叶面积测定仪进行测定。

③株高、根长的测定：每盆选择1株用于株高、根长的测定，用直尺测定，精确到0.1 cm。测根长时，要将整个塑料盆放入水中，浸透后轻轻来回晃动，使根系附近的培养沙疏松并慢慢脱落，待整个根系全部暴露后才进行测定。

④苗鲜重和根鲜重的测定：上述步骤③完成后，将植株分成地上部（苗）和地下部（根）两部分，然后用电子天平分别称量苗鲜重和根鲜重。

2.数据统计与分析

将实验数据记录入表5-1中，分析不同盐胁迫处理下玉米叶绿素含量、叶面积、株高、根长、苗鲜重和根鲜重与盐分之间的相关关系，并作出统计图形，归纳盐胁迫对玉米生长影响的规律，并比较各处理间是否存在显著性差异。

表5-1　玉米生长指标测定记录表

处理	处理组1			…	处理组6			对照度		
分组	1	2	3		1	2	3	1	2	3
叶绿素含量/(mg·g^{-1})										
叶面积/cm^2										
株高/cm										
根长/cm										
苗鲜重/g										
根鲜重/g										

3.注意事项

（1）清洗玉米根系时，不能用力过大，否则容易导致断根。

（2）苗鲜重和根鲜重在称重前,要先用吸水纸吸去其附着的水分,再进行称重。

（3）为减少工作量和保证实验效果,实验时可将学生分成7组,每组负责测定一个处理组的所有指标。

五、思考题与作业

（1）在实验过程中,如何保证每组处理湿度条件的一致和盐度条件的恒定?

（2）查阅资料,试分析归纳盐胁迫对植物生长的影响以及植物自身抵御盐胁迫的生理机制和生态响应。

六、参考与拓展文献

[1] 付必谦,张峰,高瑞如.生态学实验原理与方法[M].北京:科学出版社,2006.

[2] 谷俊,耿贵,李冬雪,等.盐胁迫对植物各营养器官形态结构影响的研究进展[J].中国农学通报,2017,33(24):62-67.

[3] 李微.盐胁迫对水稻种子萌发及幼苗生长的影响[D].北京:中国农业科学院,2011.

[4] 列志旸,薛立.盐胁迫对树木生长影响研究综述[J].世界林业研究,2017,30(3):30-34.

[5] 孟繁昊,王聪,徐寿军.盐胁迫对植物的影响及植物耐盐机理研究进展[J].内蒙古民族大学学报(自然科学版),2014,29(3):315-318.

[6] 齐琪,马书荣,徐维东.盐胁迫对植物生长的影响及耐盐生理机制研究进展[J].分子植物育种,2020,18(8):2741-2746.

[7] 王东明,贾媛,崔继哲.盐胁迫对植物的影响及植物盐适应性研究进展[J].中国农学通报,2009,25(4):124-128.

[8] 杨持.生态学[M].3版.北京:高等教育出版社,2014.

[9] 杨持.生态学实验与实习[M].3版.北京:高等教育出版社,2017.

[10] 杨允菲,祝廷成.植物生态学[M].2版.北京:高等教育出版社,2011.

[11] 章家恩.普通生态学实验指导[M].北京:中国环境科学出版社,2012.

附表1　Hoagland's营养液配方（改良后）

成分	试剂	剂量
Hoagland's营养液 pH=6.0	四水硝酸钙	945 mg/L
	硝酸钾	506 mg/L
	硝酸铵	80 mg/L
	磷酸二氢钾	136 mg/L
	硫酸镁	493 mg/L
	铁盐溶液	2.5 mL/L
	微量元素液	5 mL/L
铁盐溶液 pH=5.5	七水硫酸亚铁	2.78 g
	乙二胺四乙酸二钠	3.73 g
	蒸馏水	500 mL
微量元素	碘化钾	0.83 mg/L
	硼酸	6.2 mg/L
	硫酸锰	22.3 mg/L
	硫酸锌	8.6 mg/L
	钼酸钠	0.25 mg/L
	硫酸铜	0.025 mg/L
	氯化钴	0.025 mg/L

将上述营养液配成10倍或20倍浓度，用时稀释即可。注意用前调整pH。

‖ 实验六 ‖
鱼类对温度、盐度和pH值耐受性实验

一、实验目的

理解Shelford耐受性定律的原理和生态作用,掌握生物对生态因子耐受范围的测定技术,了解温度、盐度和pH值等对生物生长的影响以及生物对温度、盐度和pH值等生态因子的耐受机制和响应症状,结合具体实验动物的分布生境与生活习性分析影响生物耐受能力的因素。

二、实验原理

生物对非生物因子的生理耐受性对生物的生存、繁殖和分布具有重要的影响,可以依据这些非生物因子的作用解释生物为什么只能在一定的环境中生存。根据Shelford的耐受性定律(law of tolerance),一种生物能够存在和繁殖,要依赖综合环境的全部因子的存在,只要其中一项因子的量(或质)不足或过多,超过了某种生物的耐性限度,该物种则不能生存,甚至灭绝。每种生物对每种生态因子都有其耐受上限和耐受下限,上下限之间的范围称为生态幅(ecological amplitude)。生态幅反映了该种生物对特定生态因子的耐受幅度,这种幅度有大有小。

生物对特定生态因子的耐受性是由生物的遗传特性决定的,同时也是生物长期适应其生存环境的结果。生物对不同生态因子的耐受能力随生物种类、个体类型、年龄和驯化背景等因素的变化而变化;同时,生物对环境的缓慢变化有一定的调整适应能力,但这种适应性是以减弱对其他生态因子的适应能力为代价的。当多种生态因子共同作用于生物时,生物对各因子的耐受性密切相关,如生物对温度的耐受程度与湿度密切相关。

鱼类的温度耐受范围是指鱼类可以耐受的高温上限和低温下限之间的范围,是评价鱼类冷热耐受特征的重要指标。如果温度过高,鱼类可能出现侧游、呼吸急促、反应急躁等症状；如果温度过低，鱼类可能出现不摄食、不活动、呼吸微弱等症状。盐度是影响鱼类生存和生长的重要指标，一定盐度可以使鱼类保持良好的生长性能和免疫功能，但超过鱼类的耐受范围会影响其生长发育，甚至导致死亡。盐度过高可能导致鱼类出现急游、游向水面、活动减弱、身体失衡、翻白等症状。pH值是水质的重要指标，它直接决定着水体中的很多生物化学过程，同时也反映出水体总的化学和生物学性状，会直接或间接影响着鱼类的生长和繁殖。当pH值过高或过低时，鱼类可能出现呼吸急促、急游等症状。

以常见鱼类为实验材料，利用单因子静态急性暴露实验方法，研究实验鱼类对温度、盐度和pH值的耐受性。鱼类对温度和pH值的耐受性结果可以为鱼池水环境温度及水体pH值调控提供参考；盐度毒性实验结果可为鱼池消毒盐用量提供参考，也可为实验鱼类的跨地区、跨水域养殖提供理论依据。

三、实验用品

1.材料

常见鱼类，如金鱼（温带起源）和孔雀鱼（热带起源）等小型鱼类。本实验以金鱼幼鱼为例，健康且规格均匀，300尾。

2.试剂

HCl溶液、NaOH溶液、NaCl（分析纯）。

3.器材

水族箱、光照培养箱、温度计、天平、纱布等。

四、实验内容

1.鱼类对温度耐受性实验

（1）建立8个环境（驯化）温度梯度，分别为1 ℃、3 ℃、5 ℃、10 ℃、15 ℃、25 ℃、30 ℃和40 ℃。不同的实验，需要根据实验对象和预备实验情况，设置适宜的温度梯度。

（2）挑选80尾金鱼，标志并称重，随机分为8组，每组10尾，分别置于8个温度梯度下，持续30 min。

（3）如果在某一温度下，金鱼出现行为异常或死亡，则需观察在该温度条件下金鱼死亡数达到50%所需要的时间,即为半数致死时间(LT50)。

(4)观察所有金鱼是否有出现行为异常或死亡的情况,并将异常情况和死亡时间记录于表6-1中。

表6-1　不同温度环境中金鱼行为异常及死亡情况记录表

异常或死亡个体编号	体重/g	环境温度/℃	行为观测	死亡时间

2.鱼类对盐度耐受性实验

(1)建立10‰、20‰、25‰、30‰、35‰、40‰、45‰和50‰等8个盐度梯度的NaCl溶液(以曝气后自来水配制NaCl溶液)。不同的实验,需要根据实验对象和预备实验情况,设置适宜的盐度梯度。

(2)挑选金鱼幼鱼80尾,标志并称重,随机分为8组,每组10尾,分别置于8个盐度梯度水体中,持续30 min。

(3)如果在某一盐度下,金鱼行为异常或死亡,则观察金鱼死亡数达到50%所需的时间,即为半数致死时间(LT50)。

(4)观察所有金鱼是否有出现行为异常或死亡的情况,并将异常情况和死亡时间记入表6-2中。

表6-2　不同盐度环境中金鱼异常行为及死亡情况记录表

异常或死亡个体编号	体重/g	环境盐度/‰	行为观测	死亡时间

3.鱼类对pH值耐受性实验

（1）建立8个pH值梯度，pH值分别为4、5、6、7、8、9、10和11。不同的实验，需要根据实验对象和预备实验情况，设置适宜的pH值梯度。

（2）挑选80尾金鱼幼鱼，标志并称重，随机分为8组，每组10尾，分别放入所设置的8个pH值梯度的水体中，持续30 min。

（3）如果在某pH值水体中，金鱼出现行为异常或死亡，则需观察在该pH值环境中金鱼死亡数达到50%所需要的时间，即为半数致死时间（LT50）。

（4）观察所有金鱼是否有出现行为异常或死亡的情况，并将异常情况和死亡时间记入表6-3中。

表6-3　不同pH值环境中金鱼异常行为及死亡情况记录表

异常或死亡个体编号	体重/g	pH值	行为观测	死亡时间

4.注意事项

（1）开展预备实验，如果动物出现立即死亡的情况，则需要适当调整温度、盐度和pH值等生态因子的梯度设置。

（2）在盐度和pH值耐受性实验中，各组处理的水温应保持一致。

五、思考题与作业

（1）整理实验数据，统计分析温度、盐度和pH值对金鱼幼鱼的半致死时间，并分析金鱼幼鱼对温度、盐度和pH值等生态因子的耐受状况及影响其耐受能力的因素。

（2）不同鱼类对温度、盐度和pH值的耐受范围不同，请分析这种耐受性的差异主要与什么因素有关？

（3）在自然条件下，为什么极高温度和极低温度区域仍有许多生物生存？这些生物离开其原生境是否还能健康生长？

六、参考与拓展文献

[1] 冯江,高玮,盛连喜.动物生态学[M].北京:科学出版社,2005.

[2] 付必谦,张峰,高瑞如.生态学实验原理与方法[M].北京:科学出版社,2006.

[3] 金方彭,李光华,李林,等.温度、pH和盐度对后背鲈鲤幼鱼存活的影响[J].水生生物学报,2018,42(3):578-583.

[4] 娄安如,牛翠娟.基础生态学实验指导[M].2版.北京:高等教育出版社,2014.

[5] 孙儒泳,王德华,牛翠娟,等.动物生态学原理[M].4版.北京:北京师范大学出版社,2019.

[6] 孙振钧,周东兴.生态学研究方法[M].北京:科学出版社,2010.

[7] 吴耀华,赵延霞.黑斑口虾蛄对水温、盐度和pH的耐受性研究[J].水产科学,2015,34(8):502-505.

[8] 杨持.生态学[M].3版.北京:高等教育出版社,2014.

[9] 杨可钦,李红梅.金鱼对5种因子的耐受性研究[J].玉溪师范学院学报,2007,23(12):13-17.

[10] 周长发,吕琳娜,屈彦福,等.基础生态学实验指导[M].北京:科学出版社,2017.

‖ 实验七 ‖
种群数量调查方法

一、实验目的

理解样方法和取样称重法调查植物种群数量的基本原理,掌握样方法和取样称重法测量和估计植物种群数量的技术方法,并能够根据实验材料和实际生境选择合适的种群数量调查方法。

理解样方法、标志重捕法和去除取样法估计动物种群数量的原理,掌握样方法、标志重捕法和去除取样法估计动物种群数量的技术方法,并能够根据实验材料和实际生境选择合适的种群数量调查方法。

二、实验原理

种群数量大小是衡量自然条件下生物生活状况的一项重要指标。研究种群动态规律,首先要进行种群的数量统计。在数量统计中,种群大小最常用的指标是密度。密度通常以单位面积(或空间)上的个体数目表示,对于病虫害等微生物和小型动物,也可用每片叶子、每个植株、每个宿主为单位。

由于生物的多样性和生境的差异,具体数量统计方法随生物种类或栖息地条件的不同而不同,大体分为绝对密度和相对密度两类。绝对密度是指单位面积或空间的实有个体数,而相对密度则只能获得表示数量高低的相对指标。对于许多动物,由于获得绝对密度比较困难,相对密度指标成为有用资料,诸如捕获率、遇见率、洞口、粪堆、鸣叫声、毛皮收购量及单位渔捞的渔获量等。

在调查和分析种群密度时,首先应区别单体生物和构件生物。单体生物(unitary organism)的个体很清楚,如蛙有四条腿等,各个个体保持基本一致的形态结构,它们都由一个受精卵发育而成。多数动物属单体生物。构件生物(modular organism)由一个合子发育成一套构件组成的个体,如一株树有许多树枝,一个稻丛有许多分蘖,不仅构件数很不相同,而且从构件还可产生新的构件,其多少随环境条件的改变而变化。高等植物是构件生物,营固着生活的珊瑚、载枝虫和苔藓等也是构件生物。相对单体动物统计个体数,构件生物必须进行两个层次的数量统计,即从合子产生的个体数(它与单体生物的个体数相当)和组成每个个体的构件数。对于许多构件生物,研究构件的数量与分布状况往往比个体数更为重要。

1.样方法

样方法是种群数量调查最常用的取样方法,即在若干个样方中计数全部个体,然后以平均数来估计种群整体。样方的形状可以是方形、圆形或长方形,在实际工作中具体选择哪种形状要考虑研究目的和研究区域的实际情况。大多数情况下,样方数目可以通过经验值确定。若生物个体集群分布,各样方个体数离散程度较大,即数据的方差较大,则需要样方数较多;如生物个体分布均匀,各样方个体数离散程度较小,即数据的方差较小,则需抽取的样方数较少。可以通过平均值滑动法来精确获得样方的数目。样方法不仅是植物种群调查中使用最普遍的取样技术,也可以用来估计一些移动性较弱的小型动物的种群数量。

2.取样称重法

取样称重法测量和估计植物种群数量的基本原理是称取一定面积内的植物,并计数,用它与全体植物的类比关系而得到整个样地全部植物的数量和质量以及各类植物的数量及质量。本方法适用于草本群落以及田间植物的研究,灌丛和森林群落则多用于体积测定法。

3.标志重捕法

标志重捕法是在一个比较明确界限的区域内,捕捉一定数量的动物个体进行标志,然后放回,经过一个适当时期(标志个体与未标志个体重新充分混匀分布)后,再进行重捕。根据重捕样本中被标志个体的比例,估计该区域种群总量。动物的移动性往往较强,它们的数量估计与植物有很大不同。对于个体数量较大且移动能力稍弱的动物而言(如农作物害虫和贝类等),用样方法可以大致估计出它们的种群数量。对位置不断移动、个体数量难以直接统计、生活较隐蔽的动物,如小型啮齿动物、鱼类、蛙类等,也可以用标志重捕法来进行数量估计。

标志重捕法的基本原理:在一个数量相对稳定的种群中,如果短期内不考虑动物的死亡、出生、迁入、迁出等因素,且动物分布较为均匀,可以用比例关系推导出种群数量。这一方法的基本假设是:标志个体释放后重新分布在未标志个体中,再次取样时所得到的标志个体与未标志个体之比与释放的标志个体在种群中的比例一致。标志重捕法数据统计公式为:

$$\frac{M}{N} = \frac{m}{n}$$

$$N = \frac{M \times n}{m}$$

其中,M 为标志个体总数;N 为样地中个体总数;m 为重捕中标志数;n 为重捕个体数。

4.去除取样法

去除取样法,又称为移动诱捕法,是用相对估计法估计种群绝对数量。其原理是每次从生境中捕捉已知数量的动物,因而影响下次捕捉。捕捉量的下降率与种群密度和已除去数量有关。该方法必须满足下列条件:①捕捉活动不能影响未捕动物被捕的概率;②捕捉期间种群保持稳定,没有出生与死亡或迁入与迁出发生;③所有动物被捕率相等。

去除取样法实验数据分析有回归分析法、三点法和极大自然法三种,本实验以回归分析法为例讲解:在一个封闭的环境里,动物种群数量基本是恒定的,所有动物每次被捕概率都相等;随着连续捕捉,种群数量逐渐减少,因而花同样的代价所取得的效益、捕获数就逐渐降低;同时,逐次捕捉的累积数就逐渐增大。如果将逐次捕获数(作为 y 轴)对捕获累积数(作为 x 轴)作图,利用统计学的直线回归法,将回归线延长至与 x 轴相交,交点处 x 轴的数据就是动物种群数量的估计值(图7-1)。

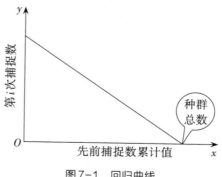

图7-1　回归曲线

三、实验用品

1.材料

自然草地、麦麸、面包虫、草履虫和金鱼等。

2.器材

样绳、皮尺、钢卷尺、水网、白瓷盘、相机、白色水箱、天平(0.001 g)、计数器、镊子、橡皮筋、放大镜、显微镜、各种不同颜色的细线、记号笔、小盆、小勺子等。

四、实验内容

1.样方法测量和估计动植物种群数量

(1)植物调查实验。

①选择 10 m×10 m 的自然草地样地一个,并将其用样绳划分为 1 m×1 m 的样方100个。样方依次编号为:001~100。

②随机选择样方,调查样方内实验植物个体的数量,利用平均值滑动法来精确获得需要调查的样方数目。

③利用随机数字表,确定抽取样方号。

④调查并计数已确定抽取样方中实验植物的个体数量。

⑤计算每个抽样样方内实验植物的平均个体数,然后乘100,即为该种群数量的估计值。

(2)草履虫模拟实验。

①将适量草履虫放置于有水的白瓷盘(30 cm×50 cm)中。

②将白瓷盘中的草履虫与水搅拌均匀后,对着白瓷盘垂直拍照,将图片分割为若干个小样方。

③ 随机选取其中的5~10个小样方,分别计数其中草履虫的数量,计算小样方内草履虫的平均个体数,并估算总数(估算值)。

④ 实际计数白瓷盘中的草履虫总数,并与估算值进行对比和检验。

(3)面包虫模拟实验。

① 将适量面包虫装在纸盒中,并用小勺子分别取样5勺、10勺和20勺,分别称量和计数每勺面包虫的质量和数量。

②称量纸盒中所有面包虫的质量,并分别利用5勺、10勺和20勺的质量与数量的比例关系估算出面包虫的总数。

③比较三种取样规格(勺数)得到的每勺面包虫平均数及纸盒中面包虫总数的差异。

(4)注意事项:

①植物调查实验中,实验样地中实验植物的分布尽量均匀,避免过分集中。

②草履虫模拟实验中,要考虑白瓷盘中水的深度,草履虫个体数量不宜太多或太少,否则,会影响实验结果的准确性。

③面包虫模拟实验中,需要多次练习并保证每勺取样的量尽量一致。

2.取样称重法测量和估计植物种群数量

(1)选择合适的实验草地,设置100 m²大小的样地,以1 m²为收割单位收割样地中所有的草本植物(地上部分),收割物按收割单位存放。

(2)计数和称重其中1个收割单位内各类植物的数量和质量,重复5~8个收割单位。计算各个收割单位内各类植物的数量和质量的平均数,并计算各类植物数量和质量之间的比例与对应关系。称重所有收割物的质量,求出100 m²样地内各类植物的数量和质量(理论值)。

(3)计数和称重样地所有收割物中各类植物的数量和质量(实际值)。

(4)对比分析样地内各类植物数量和质量的理论值(2)与实际值(3)之间的差异。

(5)通过估算和测量,得到实验草地的实际面积,并估算出该草地内各类植物的数量和质量。

(6)注意事项:

收割植物时,尽可能将植物的地上部分全部收割,并注意植被修复和养护。

3.标志重捕法估计动物数量

(1)准备金鱼200尾以上,放养在较大的水箱中。用水网捞取金鱼50尾左右,用细线标志它们(鱼尾上绑扎细线或穿入鳍中系住)。

(2)金鱼标志后,将它们放回原水箱,休息30~60 min(待金鱼充分混合后),再捕捉金鱼40~60尾,记录其中标志金鱼数、采集总数等。计数后将金鱼放回原水箱。

(3)整理实验数据,通过实验原理中标志重捕法公式估算出金鱼种群的个体总数。

(4)重复步骤(2)和(3)和3~5次,求平均值。

（5）注意事项：

①实验金鱼最好要多一点，以200尾以上为佳。

②给金鱼标志时要注意标志线牢固而不会轻易脱落，并且标志物和标志方法不会对金鱼的寿命和行为产生影响。

4.去除取样法估计动物种群数量

（1）金鱼模拟实验。

①准备200尾以上的金鱼放养在较深的水箱中。

②用较大的水勺在水中随机舀取5满勺于水网上，将水直接滤回原水箱。

③计数水网中的金鱼总数，计数后的金鱼放在另外的水箱。

④重复实验步骤②和③，并累积各次数量填入表7-1中。

表7-1　去除取样法数据记录表

取样次数	每次捕获数（y）	累计捕获数（x）	$y_i - \bar{y}$	$x_i - \bar{x}$
1				
2				
3				
4				
5				
6				
...				

注：$\bar{y}$为每次捕获数的平均值，$\bar{x}$为累积捕获数的平均值，i为取样次数。

⑤待取样5~7次后，或每次获得的个体数很少时，停止取样。用下列公式计算出y值与x值的对应关系。

$$y = a + bx$$
$$a = \bar{y} - b\bar{x}$$
$$b = \frac{\sum (x_i - \bar{x})(y_i - \bar{y})}{\sum (x_i - \bar{x})^2}$$

⑥用方程作图，延长直线至x轴，求得动物大致总数。

（2）面包虫模拟实验。

①取适量面包虫与麦麸混合均匀后置于白瓷盘中，以表面看不见虫体为佳。

②从盘中随机取出含有面包虫的麦麸，共需取出总量的1/5~1/4。

③计数面包虫数量，计数后的面包虫另行存放不要放回原盘，并将取出的麦麸放回原盘中，使基质保持原来的体积，并尽量搅拌均匀。

④重复实验步骤②和③，数据填入表7-1中。如此重复5~7次，可看出面包虫捕获数量逐次减少。

⑤整理实验数据，绘出回归线图，求出面包虫数量的估计值。

（3）注意事项：

① 进行种群数量统计前，首先要确定被研究种群的边界。

② 放置面包虫的白瓷盘底部最好是较平整的，不要选用四周凹陷的盘。

③面包虫要与麦麸充分混合、保证均匀。

五、思考题与作业

（1）在取样称重法中，野外样地可能是生长高大的树木和结构复杂的灌木，它们不易收割，请问如何计数和估算？

（2）样方法与取样称重法测量和估计植物种群数量各有什么利弊？举例说明不同类型的植物种群该如何选择取样方法？

（3）在标志重捕法中，给动物作标志时要注意什么？标志重捕法对活动性很强的动物（如鸟类）适用吗？为什么？标志重捕法在估算小型啮齿动物（如鼠类）中应用较多，可能的理由是什么？

（4）在去除取样法中，实验室模拟实验和野外调查实验存在明显的不同，如野外环境中种群的边界复杂多变，请举例说明不同类型种群取样时如何确定种群边界。

（5）样方法、标志重捕法和去除取样法在测量和估计动物种群数量中各有什么利弊？举例说明不同类型的动物种群该如何选择取样方法。

六、参考与拓展文献

[1] 杜荣骞. 生物统计学[M]. 4版. 北京：高等教育出版社，2014.

[2] 冯江，高玮，盛连喜.动物生态学[M].北京：科学出版社，2005.

[3] 付必谦，张峰，高瑞如.生态学实验原理与方法[M].北京：科学出版社，2006.

[4] 付荣恕，刘林德.生态学实验教程[M].2版.北京：科学出版社，2010.

[5] 姜汉侨，段昌群，杨树华，等.植物生态学[M].2版.北京：高等教育出版社，2010.

[6] 李春喜，姜丽娜，邵云，等.生物统计学[M].5版.北京：科学出版社，2013.

[7] 娄安如，牛翠娟.基础生态学实验指导[M].2版.北京：高等教育出版社，2014.

[8] 梅增霞，李建庆.种群数量调查不同取样方法试验设计比较[J].现代农业科技，2019，(24)：188-189.

[9] 孙儒泳，王德华，牛翠娟，等.动物生态学原理[M].4版.北京：北京师范大学出版社，2019.

[10] 孙振钧，周东兴.生态学研究方法[M].北京：科学出版社，2010.

[11] 拓锋，黄冬柳，刘贤德，等.祁连山大野口流域青海云杉种群数量动态[J].生态学报，2021，41(17)：6871-6882.

[12] 熊姗，张海江，李成.两栖类种群数量的快速调查与分析方法[J].生态与农村环境学报，2019，35(6)：809-816.

[13] 杨持.生态学[M].3版.北京：高等教育出版社，2014.

[14] 周长发，吕琳娜，屈彦福，等.基础生态学实验指导[M].北京：科学出版社，2017.

‖ 实验八 ‖
种群年龄结构和性比

一、实验目的

理解种群年龄结构及性比的概念和研究意义,掌握种群年龄结构及性比研究的技术方法,了解常见生物种群的大致年龄结构和性比,认识种群年龄结构及性比在自然科学和社会科学中的应用。

二、实验原理

种群是构成群落的基本单位,种群的年龄结构能够直接影响到群落的未来发展和演变趋势。分析种群的年龄结构是掌握种群生存状况和再生能力的有效方法,同时也能反映种群与环境的关系。年龄结构(age structure)是指种群中不同年龄组个体的数量比例或配置,也称年龄分布(age distribution)或年龄锥体(age pyramid)。种群中不同年龄组的比例对种群的繁殖能力和动态趋势具有决定性的影响,年龄结构的研究在种群生态学中占有非常重要的地位,对于深入分析种群动态和预测群落演替具有重要价值。一个种群,由于年龄结构不同,种群的繁殖力就不同。从生态学的角度出发,一般可以把种群的年龄结构分为增长型、稳定型和下降型(图8-1),而种群的年龄组也可以分为幼龄组、中龄组和老龄组(图8-1)。

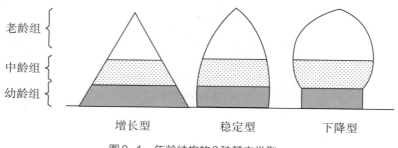

图8-1　年龄结构的3种基本类型

（1）增长型种群。结构呈典型金字塔形，基部宽，顶部狭，表示种群有大量幼龄个体，而老龄个体较少，幼、中龄个体除了补充死去的老龄个体外还有剩余。种群出生率大于死亡率，种群的数量呈上升趋势，是迅速增长的种群。

（2）稳定型种群。这类种群的老、中、幼各个年龄组个体数量大致相同、分布比较均匀，每一个年龄组进入上一组的个体数，与下一个年龄组进入该组的个体数大致接近，出生率与死亡率大致平衡，种群的数量趋于稳定。

（3）下降型种群。结构基部比较狭，而顶部比较宽。种群的中、幼龄比例减小而老龄比例增大，大多数个体已过了生殖年龄，种群死亡率大于出生率，种群的数量趋向于减少。

种群年龄结构的调查关键在于生物年龄的判定。无论是植物种群还是动物种群，都由不同年龄、不同数量的个体组成。任何年龄单位，如天、周、月、年等都可以表示年龄。年龄组成还可以用生物发育阶段划分，如幼体、亚成体、成体、老年个体等。许多生物身上带有可用于判断年龄的一些性状，如树干的年轮、鱼类的鳞片、动物角上的生长轮、动物牙齿的状态等。鉴于同一生长发育阶段的生物其身体大小常呈正态分布，而生物身体大小又与年龄相关，当年龄很难判断时，还可通过分析身体大小来间接判断年龄。昆虫则通常采用发育阶段和蜕皮次数来表示年龄。

种群中雄性和雌性个体数目的比例称为性比（sex ratio），也称为性比结构。性比也是种群动态研究中的一个重要内容。对大多数动物来言，雄性与雌性的比例较为固定，但有些动物，尤其较低等的动物，在不同的发育时期，性比往往会发生变化。性比变化对种群动态有很大影响，因此，研究性比的意义将随物种的雌雄关系不同而不同。性别的判断对于雌雄异体、异型的生物来说较容易，但很多生物通过外观难以判断性别。不过，在生物的繁殖期考察性成熟个体的性别，相对要容易一些。在性比研究中，可以通过计算种群所有两性个体数量的比例获得总性比，还可以与年龄结构相结合获得不同年龄段的性比。

三、实验用品

1.材料

优势种明显的自然林地（或接近自然），车前草、狗尾草、细叶旱芹、一年蓬、网蜻等动植物种群。

2.试剂

乙醇。

3.器材

年轮钻、皮尺、软尺、罗盘仪、手持GPS、放大镜、显微镜、采样瓶、记录表格、铅笔。

四、实验内容

1.木本植物年龄结构

在实验样地选取胸径范围为5~30 cm的标准木15~25株,分别用年龄钻在其胸高处(1.3 m)钻取年龄木芯,以1个生长年轮代表年龄1年来确定其年龄。根据实测标准木的年龄和胸径大小,建立具有显著相关性的年龄-胸径回归方程,然后用该方程和胸径来推算种群其他个体的年龄。

在实际研究中,对于一些个体数量较少的种群,特别是一些珍稀濒危植物,不可能选定合适的标准木和测定每个个体的实际年龄。因此,可以用"空间推时间"的方法,采用个体大小和径级结构(胸径)代替年龄,分析种群的年龄结构。划分龄级时,一般将树高小于100 cm的幼苗或胸径0~2 cm的作为1级,胸径2~5 cm为2级,以后每间隔5 cm为一级,如表8-1。实际研究中,龄级划分可依研究对象的具体情况来确定。

表8-1　乔木种群龄级划分参考标准

龄级	标准
1级	树高＜100 cm的幼苗或胸径0～2 cm
2级	胸径2～5 cm
3级	胸径5～10 cm
4级	胸径10～15 cm
5级	胸径15～20 cm
...	

一般以龄级(径级)为横坐标,以各龄级(径级)的个体数占所有个体数的百分比为纵坐标作图,并据图对种群的年龄结构现状和发展趋势进行分析和预测。

2.草本植物年龄结构

选择常见的生活史较短的野生植物种群(如车前草、狗尾草、细叶旱芹和一年蓬等），详细记录它们的个体数量及各个体的大致年龄或生活史阶段（如按幼苗、无花苞个体、有花苞个体、开花期个体、花后期个体、结实个体、枯萎个体等划分）。整理调查数据并绘制年龄结构图。

3.常见动物年龄结构

在常见植物（如樟树、悬铃木等）的叶背面仔细寻找网蜘，尽可能多地收集虫体于酒精瓶中，带回实验室，在放大镜或显微镜下，按照低龄幼虫、大龄幼虫、高龄幼虫和成虫等年龄阶段进行划分计数。统计计数结果并绘制年龄结构图。

4.周边人群年龄结构及性比

调查一栋楼或一个小区内所有人的年龄、性别及身高，作出年龄结构及性别分布图，并分析年龄与身高的关系。或者在特定地点的不同时间段观察行人的年龄、性别及身高等，分析所观察地区、不同时间段内出现的"种群"的年龄结构和性别组成，以及年龄结构与身高的关系。

5.注意事项

年龄结构及性比研究结果依赖于种群的个体数量、年龄划分及性比的精确调查和了解，注意依据具体的调查对象选择合适的研究方法。

五、思考题与作业

（1）实验过程中，若出现不同龄级个体数倒置的情况，如何对数据进行有效的匀滑处理？

（2）如何利用生物的年龄结构和性比预测和影响（人工干扰）种群动态？

（3）实验中为何选择野生、生活史较短的植物作为实验材料？

六、参考与拓展文献

[1]董鸣.缙云山马尾松种群年龄结构初步研究[J].植物生态学报，1987,（1）：50-58.

[2]冯江，高玮，盛连喜.动物生态学[M].北京：科学出版社，2005.

[3]国庆喜，孙龙.生态学野外实习手册[M].北京：高等教育出版社，2010.

[4]姜汉侨，段昌群，杨树华，等.植物生态学[M].2版.北京：高等教育出版社，2010.

[5] 娄安如, 牛翠娟. 基础生态学实验指导[M]. 2版. 北京: 高等教育出版社, 2014.

[6] 潘发光, 叶钦良, 李玉峰, 等. 珍稀濒危植物紫纹兜兰的种群结构和数量动态[J]. 热带亚热带植物学报, 2020, 28(4): 375-384.

[7] 孙儒泳, 王德华, 牛翠娟, 等. 动物生态学原理[M]. 4版. 北京: 北京师范大学出版社, 2019.

[8] 王茜, 敖艳艳, 李文巧, 等. 缙云山细枝柃种群性比及空间分布[J]. 生态学报, 2020, 40(17): 6057-6066.

[9] 杨持. 生态学[M]. 3版. 北京: 高等教育出版社, 2014.

[10] 杨持. 生态学实验与实习[M]. 3版. 北京: 高等教育出版社, 2017.

[11] 杨立荣, 张治礼, 云勇, 等. 濒危植物海南龙血树的种群结构与动态[J]. 生态学报, 2018, 38(8): 2802-2815.

[12] 周长发, 吕琳娜, 屈彦福, 等. 基础生态学实验指导[M]. 北京: 科学出版社, 2017.

‖ 实验九 ‖
种群静态生命表和存活曲线

一、实验目的

理解种群静态生命表和存活曲线的基本原理和生态意义,掌握构建种群静态生命表与存活曲线的过程与方法,认识不同生物种群年龄结构及生活状态的不同,了解常见生物种群的大致状态和寿命。

二、实验原理

生命表(life table)是根据种群内不同年龄组的个体存活或死亡数据编制的表格,是研究种群数量动态的一种有效工具,可以较准确地反映种群动态、估算个体寿命,以及了解种群生活过程的关键时期与关键影响因子。简单生命表包括动态生命表(dynamic life table)和静态生命表(static life table)。动态生命表又称为同生群生命表,是根据对同一时间出生的所有个体进行存活数量动态监测的资料编制而成。静态生命表是根据在某一特定时间对种群作一年龄结构调查的资料而编制的,常用于有世代重叠,且生命周期较长的生物。静态生命表较动态生命表更容易调查和建立,应用更为广泛。

1.静态生命表

在编制静态生命表时,首先有几个假设:①种群的数量是静态的,即密度不变;②年龄组合是稳定的,即种群的年龄结构与时间无关,各年龄的比例不变;③个体的迁移是平衡的,即没有移出或移入的差数。静态生命表格式如表9-1。

表9-1　静态生命表记录表

年龄(或生活阶段)(x)	存活数(n_x)	存活率(l_x)	死亡数(d_x)	死亡率(q_x)	平均存活数(L_x)	存活个体总年数(T_x)	生命期望(e_x)
0							
1							
2							
3							
4							
5							
...							

表中:

$$l_x = \frac{n_x}{n_0}$$

$$d_x = n_x - n_{x+1}$$

$$q_x = \frac{d_x}{n_x} = 1 - \frac{n_{x+1}}{n_x}$$

$$L_x = \frac{n_x + n_{x+1}}{2}$$

$$T_x = \sum L_x$$

$$e_x = \frac{T_x}{n_x}$$

根据年龄结构绘制静态生命表,有可能出现不同龄级个体数倒置的情况,这与数学假设不符,但仍能提供生态学记录,即表明种群并非静止不动,而是在迅速发展和衰落之中。在编制静态生命表的过程中,常采用匀滑技术进行数据处理,主要有匀滑修正法和方程拟合法两种。以匀滑修正法为例说明:

表9-2　调查数据与匀滑处理数据表

龄级	1	2	3	4	5
存活数 n_x	65	2	0	13	9
匀滑修正后的存活数 n'_x	65	11	8	5	2

检查表9-2中调查数据 n_x,发现第2、3龄级存活数均小于第4、5龄级存活数,出现死亡率为负的情况。据静态生命表假设,年龄组合是稳定的,各年龄的比例不变,因

此,区段2~5龄级需要修正。

计算区段2~5存活数的累积:$T=n_{x2}+n_{x3}+n_{x4}+n_{x5}=24$,区段中值为:24/4=6;同时,据区段的最多存活数和最少存活数差数(13-0=13)及区段的间隔数(4),可以确定每一相邻年龄组的存活数之间的差数为3左右,故经匀滑修正得n'_x。

2.存活曲线

一份完整的生命表反映了种群数量动态的特征,如种群某个发育阶段的死亡原因、死亡数量和表示种群时间特征的存活率等。存活曲线是借助于存活个体数量来描述特定年龄死亡率,它是通过把特定年龄组的个体数量相对时间作图而得到的。种群的存活曲线可以反映生物生活史各时期的死亡率。迪维(Deevey,1947)和克雷布斯(Krebs,1985)根据研究结果,将存活曲线归纳为3种基本类型(如图9-1):

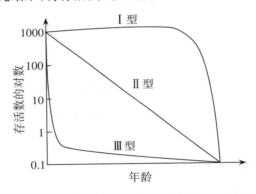

图9-1　存活曲线的类型(Deevey,1947;Krebs,1985)

Ⅰ型:在接近生理寿命之前只有少数个体死亡,大部分个体都能存活到生理寿命,存活曲线呈凸形。如人类和一些大型哺乳动物。

Ⅱ型:各年龄死亡率相等,存活曲线呈对角线形或近似的对角线形。许多鸟类、昆虫和小型哺乳动物接近此类。

Ⅲ型:幼体的死亡率很高,以后的死亡率比较稳定,存活曲线呈凹形。大多数鱼类、两栖类、海洋无脊椎动物和寄生虫的存活曲线属于此类。

以上3种存活曲线是一些最典型的类型,现实生活中的生物种群,常表现为接近某型或处于中间型。结合存活曲线的基本类型,可以分析和推测出种群生活史过程中受到生存压力的主要因子,存活曲线的形状还可以揭示出特定种群生活史中易遭伤亡的时期,因此有助于制定濒危生物的保护对策或有害生物的管理对策。

存活曲线的绘制方法有两种:一种是以存活数量n_x的对数值$\lg n_x$为纵坐标,以年龄为横坐标作图;另一种方法也是用存活数量的对数值相对于年龄作图,但年龄使用生命期望的百分离差表示。

三、实验用品

1.材料

自然林或较为成熟的次生林。

2.器材

皮尺、软尺、罗盘仪、手持GPS、记录表格、铅笔等。

四、实验内容

1.静态生命表

(1)选择优势种群较为明显的自然林或较为成熟的次生林(如槐树林、四川大头茶林和四川山矾林等)设置实验样地。观测样地中实验种群个体的高度、胸径和冠幅等数据,并调查群落生境,详细参考"实验十四 植物群落调查方法"。

(2)根据实验种群个体的高度和胸径数据划分龄级,可以参考"实验八 种群年龄结构和性比"的表8-1,在实验过程中可以根据具体研究种群调整划分标准。

(3)详细观测、记录实验种群各个龄级的个体数量,将结果记录于表9-1中,并计算出生命表中的其他栏目数据。

2.存活曲线

(1)基于静态生命表中的调查统计数据绘制存活曲线。

(2)用两种方法绘制种群存活曲线:

①以存活数量 n_x 的对数值 $\lg n_x$ 为纵坐标,以年龄为横坐标作图;

②以存活数量的对数值为纵坐标,以生命期望的百分离差为横坐标作图。

3.注意事项

(1)在编制静态生命表时,可能出现不同龄级个体数倒置的情况,需要进行匀滑处理。

(2)自然种群野外调查时,需要根据种群分布现状和生境状况设置合适的调查样地和样地数目。

五、思考题与作业

（1）编制静态生命表，分析种群静态生命表如何估算个体寿命，并推测种群的发展趋势。

（2）对比两种形式绘制的存活曲线，分析其异同点。根据实验结果和群落生境，分析种群生活史中受到生存压力的主要因子。

（3）静态生命表虽然没有动态生命表准确，但为什么应用更为广泛？请查阅资料并解释。

六、参考与拓展文献

[1] 付必谦，张峰，高瑞如. 生态学实验原理与方法[M]. 北京：科学出版社，2006.

[2] 姜汉侨，段昌群，杨树华，等. 植物生态学[M]. 2版. 北京：高等教育出版社，2010.

[3] 娄安如，牛翠娟. 基础生态学实验指导[M]. 2版. 北京：高等教育出版社，2014.

[4] 潘发光，叶钦良，李玉峰，等. 珍稀濒危植物紫纹兜兰的种群结构和数量动态[J]. 热带亚热带植物学报，2020，28(4)：375-384.

[5] 孙儒泳，王德华，牛翠娟，等. 动物生态学原理[M]. 4版. 北京：北京师范大学出版社，2019.

[6] 杨持. 生态学[M]. 3版. 北京：高等教育出版社，2014.

[7] 杨立荣，张治礼，云勇，等. 濒危植物海南龙血树的种群结构与动态[J]. 生态学报，2018，38(8)：2802-2815.

[8] 章家恩. 普通生态学实验指导[M]. 北京：中国环境科学出版社，2012.

[9] 周长发，吕琳娜，屈彦福，等. 基础生态学实验指导[M]. 北京：科学出版社，2017.

[10] DEEVEY E S. Life table for nature population of animal[J]. Quarterly Review of Biology, 1947, 22: 283-314.

[11] KREBS C J. Ecology: the experimental analysis of distribution and abundance[M]. 3rd ed. New York: Haper & Row, 1985.

‖ 实验十 ‖
种群logistic增长模型测定与拟合

一、实验目的

了解种群在有限环境中的增长方式,理解logistic增长模型的原理和意义,掌握种群大小检测、种群增长模型建立、参数估计以及种群增长曲线拟合等技术方法,了解logistic增长模型的特征及其模型中两个重要参数 r、K 的意义,总结影响生物种群增长的常见因素。

二、实验原理

无论在自然状态还是实验条件下,生物的数量因受营养成分供应、个体竞争、空间制约等因素的影响,其增长都是有限度的,数量也不可能无限地发展。

1.logistic增长理论

在现实环境中,种群不可能长期而连续地按指数增长,往往受到有限的环境资源和其他必要生活条件的限制。随着密度的上升,种内竞争加剧,必然会影响到种群的出生率和死亡率,使种群瞬时增长率随着密度的上升而下降,一直到种群停止增长,甚至使种群数量下降。逻辑斯谛增长(logistic growth)是种群在资源有限环境下连续增长的一种最简单的形式。其数学模型为:

$$\frac{dN}{dt} = rN\left(1 - \frac{N}{K}\right)$$

该模型的公式为:

$$N = \frac{K}{1 + e^{a-rt}}$$

式中,r 为瞬时增长率;N 为种群的大小;K 为环境容量(种群数量的最大值);a 为与初始数量 N_0 有关的常数;e 为自然对数的底;$\left(1 - \frac{N}{K}\right)$ 是逻辑斯谛修正项,其生物学意义代表"剩余空间"，即种群尚未利用的、可供种群增长继续利用的环境资源。随着种群数量的增长，剩余空间逐渐减小。($1-\dfrac{N}{K}$)也是逻辑斯谛增长模型与种群指数增长模型的重要区别点。

2. logistic种群增长模型的拟合

拟合logistic增长模型和绘制种群增长曲线的关键是对模型中a和参数K、r的估计。基本步骤如下。

(1)K值的估计。

利用目测法求得K值：以各时间种群大小的实验观测值作N-t散点图，由此观察种群增长的趋势。或用三点法求得K值，公式为：

$$K = \frac{2N_1 N_2 N_3 - N_2^2(N_1 + N_3)}{(N_1 N_3 - N_2^2)}$$

式中：$(t_1,\ N_1)$、$(t_2,\ N_2)$、$(t_3,\ N_3)$分别表示实测数据序列的始点、中点和终点；$2t_2 = t_1 + t_3$，t_1、t_2、t_3三点时间间隔相等且尽量大。

(2)a和r的确定。

瞬时增长率r可用回归分析的方法来确定。

将式$N = \dfrac{K}{1 + e^{a-rt}}$变形为线性方程

$$\ln\frac{K-N}{N} = -rt + a$$

以$\ln\dfrac{K-N}{N}$对时间t作一元线性回归，得参数a和r。

设$y = \ln\left(\dfrac{K-N}{N}\right)$，$b = -r$，$x = t$，那么logistic方程的积分式可以写成$y = a + bx$，根据一元线性回归方程的统计方法，$a$和$b$可以用下面的公式求得：

$$a = \bar{y} - b\bar{x}$$

$$b = \frac{\sum(x_i - \bar{x})(y_i - \bar{y})}{\sum(x_i - \bar{x})^2}$$

式中：$\bar{x}$为自变量x的平均值；x_i为第i个自变量x的样本值；$\bar{y}$为因变量y的平均值；y_i为第i个因变量y的样本值。

（3）建立模型。

将上述K、a和r值代入式$N = \dfrac{K}{1 + e^{a-rt}}$，建立logistic增长模型，计算各个增长时间种群大小的理论估计值$\widehat{N_i}$。

（4）绘制种群增长曲线。

将得到的种群大小数据标定在以时间t为横坐标、种群数量N为纵坐标的平面坐标系上，得到散点图，即可看出有限资源环境下种群实际增长值。将求得的a、r和K值代入logistic方程，则得到理论值。在同一个平面坐标系上标定理论值，绘制出logistic方程的理论曲线，检验理论曲线与实际值的拟合情况。

（5）模型拟合程度的判断和优化。

利用相关指数（correlation index）R^2的大小判断曲线拟合程度的优劣。

$$R^2 = 1 - \frac{SS_{剩余}}{S_{NN}}$$

式中：$S_{NN} = \sum (N_t - \bar{N})^2$；$SS_{剩余} = \sum (N_t - \hat{N}_t)^2$；$N_t$为实验观测值；$\bar{N}$为其平均值；$\hat{N}_t$为相应理论估计值。

依据目测的K值取值范围，变换K值重复以上步骤。R^2越大反映模型拟合效果越好。最终获得最佳模拟模型。

三、实验用品

1.材料

纯培养的草履虫（*Paramecium caudatum*），干稻草，天然林或次生天然林（结构完善、稳定，实验种群要求密度较大，且个体大小、粗细不等）。

2.器材

光照培养箱、电子天平、显微镜、电炉、浮游生物计数框（1 mL）、烧杯、三角瓶、培养皿、量筒、移液管、纱布、橡皮筋、皮尺、钢卷尺、软尺、手持GPS、罗盘仪、铅笔等。

四、实验内容

1.草履虫种群增长

（1）草履虫培养液制备：将15~20 g稻草段（长3 cm左右）放于1 L水中煮沸，然后小火煮30 min,至沸液呈黄棕色,冷却后过滤备用。

（2）确定初始种群数量：在250 mL烧杯中加入约150 mL草履虫培养液,向烧杯中加入200只活草履虫。

（3）种群初始记录：取1 mL加入草履虫的培养液滴入浮游生物计数框（1 mL）内,加1滴波氏固定液,盖上盖玻片,在显微镜下计数并填入表10-1。重复5次,取平均值为第0天草履虫种群密度。加草履虫培养液补到标志处,用清洁纱布蒙口,置于18~20 ℃光照培养箱中培养。

表10-1 草履虫种群增长实验数据记录表

时间 t/d	计数值 $N/($个·$mL^{-1})$					
	重复1	重复2	重复3	重复4	重复5	平均值
0						
1						
2						
3						
...						

（4）种群培养和计数：每天定时对烧杯中草履虫的密度进行观测,并将观测结果填入表10-1中。至种群数量达到平衡状态后停止实验。计算并完成表10-2中第2~4列数据。

表10-2 草履虫种群增长实验数据统计分析表

时间 t/d	计数值 $N/($个·$mL^{-1})$	$(K-N)/N$	$\ln[(K-N)/N]$	理论估计值
0				
1				
2				
3				
...				

（5）增长模型拟合及优化。按照实验原理中介绍的方法建立模型；计算种群增长的理论估计值,填入表10-2中第5列。变换 K 值重复以上步骤,获得最佳模拟模型和种群增长曲线。

（6）注意事项。

①实验早期种群数量较少时，可以直接活体计数。随着种群数量增大，活体计数比较困难，可以先用固定液杀死草履虫再计数。

②每天计数前后必须以蒸馏水补齐培养液到标志处，以保证每次取样时的培养液体积恒定（150 mL）。

2.林地树木优势度的增长

（1）确定样地及样方。

选择合适的实验样地和实验种群。在实验样地中分别选定5个（或更多）大小相同的样方，如亚热带常绿阔叶林样方大小为30 m×30 m、针叶林20 m×20 m，具体样方的大小依据样地类型和群落最小面积等确定。调查并记录群落生境，详细参考"实验十四 植物群落调查方法"。

（2）数据测定。

在各样方中对选定的实验种群每木进行调查，主要调查指标有胸径、树高和冠幅等。

（3）划分径级。

将调查林木依胸径大小进行分级：0~2 cm为第1径级，2~5 cm为第2径级，5~10 cm为第3径级，以后每间隔5 cm为一级。把实验林木径级从小到大的顺序看作时间顺序关系，第1径级对应$t=1$的时间，第2径级对应$t=2$的时间，…，第n径级对应$t=n$的时间。

（4）建立林木优势度增长的logistic模型。

统计样地中各径级林木的胸断面积数值之和，此为各径级胸断面积的初值S_t（$t=1,2,…,n$）；累加第1径级至第i径级的胸断面积初值，则为种群中前i个径级的胸断面积S'_i：

$$S'_i = \sum S_t$$

S'_i反映了种群发育到时间$t=i$时所有林木的胸断面积总和，即时间单位为径级年的时序关系所对应的林木种群的胸断面积数值（表10-3）。

表10-3　实验样地中林木种群胸断面积

（单位:m²·hm⁻²）

时间 t/d	各径级林木的胸断面积S_t					前i个径级的胸断面积和S'_i					总计	平均值
	样方1	样方2	样方3	样方4	样方5	样方1	样方2	样方3	样方4	样方5		

按照实验原理中的方法,拟合林木种群胸断面积(即优势度)随时间(径级年)变化的logistic方程：

$$\frac{dS}{dt} = rS\left(1 - \frac{S}{K}\right)$$

r为内禀增长率,S为林木的胸断面积,K为一定环境条件下种群胸断面积的最大容纳量,t为步骤(3)中建立的时间序列关系。

(5)推算林木优势度的最大增长速度及对应的时间。

对林木优势度增长的logistic方程,经数学讨论可得,当$S'_i = \dfrac{K}{2}$时,胸断面积具有最大增长速度$\dfrac{dS}{dt}|_{\max} = \dfrac{rK}{4}$,对应的时间为:$t\left(\dfrac{K}{2}\right) = \dfrac{1}{r}\ln\dfrac{K-S}{S}$。

五、思考题与作业

(1)绘制观测值散点图,整理模型建立和优化过程及拟合种群增长曲线图,分析logistic增长曲线的特点,总结归纳影响logistic增长曲线的因素。

(2)若实验条件许可,试使用不同条件(如改变温度、培养液浓度等)培养草履虫种群,比较不同条件下种群增长动态的差异,并分析环境条件变化对模型参数的影响。

六、参考与拓展文献

[1] 冯江,高玮,盛连喜.动物生态学[M].北京:科学出版社,2005.

[2] 付必谦,张峰,高瑞如.生态学实验原理与方法[M].2版.北京:科学出版社,2006.

[3] 付荣恕，刘林德.生态学实验教程[M].2版.北京：科学出版社，2010.

[4] 高玉葆，石福臣.植物生物学与生态学实验[M].北京：科学出版社，2008.

[5] 姜汉侨，段昌群，杨树华，等.植物生态学[M].2版.北京：高等教育出版社，2010.

[6] 娄安如，牛翠娟.基础生态学实验指导[M].2版.北京：高等教育出版社，2014.

[7] 孙儒泳，王德华，牛翠娟，等.动物生态学原理[M].4版.北京：北京师范大学出版社，2019.

[8] 杨持.生态学[M].3版.北京：高等教育出版社，2014.

[9] 羊旻.Logistic模型中的参数估计[D].兰州：兰州大学，2013.

[10] 殷祚云.Logistic曲线拟合方法研究[J].数理统计与管理，2002，21(1)：41-46.

[11] 张巧玲，陆海霞，张翼.基于广义Logistic模型的美国白蛾优化控制策略[J].扬州大学学报(自然科学版)，2020，23(4)：19-21.

[12] 钟章成.植物生态学研究进展[M].重庆：西南师范大学出版社，1997.

[13] 周长发，吕琳娜，屈彦福，等.基础生态学实验指导[M].北京：科学出版社，2017.

‖ 实验十一 ‖
种群空间分布格局分析

一、实验目的

理解种群空间分布格局的原理和生态意义,掌握种群空间分布格局类型和强度的调查和判定技术,了解种群空间分布格局与种群的生物学特性及环境条件的关系,了解常见生物种群在不同环境中空间分布格局的可能类型。

二、实验原理

1.空间分布格局

组成种群的个体在其生活空间中的位置或布局,称为种群空间分布格局(spatial distribution pattern)或内分布型(internal distribution pattern)。种群的空间分布格局大致可分为3类:均匀型(uniform)、随机型(random)和成群型(clumped)(图11-1)。

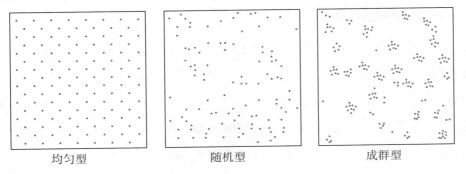

均匀型　　　　　随机型　　　　　成群型

图11-1　种群的3种空间分布格局

均匀型分布的主要原因是种群内个体间的竞争。例如森林中植物竞争水分和土壤中营养物,沙漠中植物竞争水分。株行距一定的人工栽培种群是均匀分布的一个特殊例子。在自然情况下,均匀分布最为罕见。但由于以下5种原因,常会引起植物种群的均匀分布:虫害、种内竞争、优势种呈均匀分布而使其伴生植物也呈均匀分布、地形或土壤物理性状呈均匀分布、自毒现象。

随机型分布中每一个体在种群领域中各个点上出现的机会是相等的，并且某一个体的存在不影响其他个体的分布。随机分布比较少见，因为在环境资源分布均匀，种群内个体间没有彼此吸引或排斥的情况下，才易产生随机分布，这种条件在自然生境中很少出现。在条件比较一致的环境里，会出现随机分布，如在潮汐带的环境里，有机体通常呈现出一种随机型的分布。一些用种子繁殖的植物，初入侵到一个新的地点时，常呈随机分布。森林地面上的一些无脊椎动物也常呈随机分布，如森林地被层中的一些蜘蛛。

成群型分布是最常见的内分布型。成群分布形成的原因是：① 环境资源分布不均匀，富饶与贫乏相嵌；② 植物传播种子方式使其以母株为扩散中心；③ 动物的社会行为使其结合成群。成群分布又可进一步按种群本身的分布状况划分为均匀群、随机群和成群群，后者具有两级的成群分布。

植物种群的空间分布格局是植物种群的生物学特性对环境条件长期适应的结果，是植物群落空间结构的基本组成要素。种群空间分布格局的形成既取决于种群自身的生物学特性，也与群落内不同物种之间的生物学关系以及群落内的环境等诸多其他因素有关，还与种群所处的发育阶段、植被演替阶段以及研究尺度等密切相关。研究植物种群的空间分布格局对于确定种群与种群间的关系及种群与环境间的关系具有非常重要的作用。

2.格局类型和格局强度

种群空间分布格局的类型会随着种群的年龄、所处的空间大小的变化而变化，空间分布格局的形成同时也受生物因素和非生物因素等影响。采用不同的方法分析植物种群空间分布格局，通常会有不同的结果，因而一般都需要用多种不同的方法相互验证，以保证结果的可靠性。植物种群空间分布格局类型和格局强度的检验方法很多，通常用分布系数(c)、丛生指数(I)、负二项参数(K)、平均拥挤度(m^*)和聚块性指数$(\frac{m^*}{m})$等指标，分析植物种群在不同尺度下的分布格局类型及格局强度。

以分布系数为例确定种群空间分布格局类型和格局强度。分布系数的计算公式如下：

$$c_x = \frac{s^2}{\bar{x}}$$

$$s^2 = \frac{\sum (fx)^2 - \dfrac{(\sum fx)^2}{n}}{n-1}$$

$$\bar{x} = \frac{\sum fx}{n}$$

式中：x 为样方中某物种个体数；f 为个体数量为 x 的小样方出现的次数；n 为样方总数。

若 $c_x=0$，则种群属于均匀分布；若 $c_x=1$，则种群属于随机分布；若 c_x 显著地大于1，则种群属于成群分布。为了检验种群空间分布格局偏离 Poisson 分布的显著性，可进行 t 检验，t 值越大，种群聚集程度越高，反之则越低。

三、实验用品

1.材料

天然林、结构完善且较成熟的次生林或自然草地中的优势种群。

2.器材

系列样方框（25 cm×50 cm、50 cm×50 cm、50 cm×100 cm、100 cm×100 cm），铅笔，野外记录表格，计算器等。

四、实验内容

（1）根据实验目的选定实验样地，调查记录样地的生境状况，详细参考"实验十四植物群落调查方法"。

（2）每3人为一组，利用相邻格子样方法（格子小样方相邻组成大样方或样带），用系列样方框调查植物在样方框中的个体数，每级样方框作50个样方调查。调查数据填入表11-1。

表11-1　种群空间分布格局调查记录表

样方号	样方级别/cm²			
	25×50	50×50	50×100	100×100
	物种个体数			
1				
2				
3				
...				
50				

（3）整理数据,利用原理中的方法计算分布系数,分析种群的空间分布格局类型和格局强度。

五、思考题与作业

（1）在实验中为何要设立一系列大小不等的样方进行种群空间分布格局的调查研究? 请基于实验结果给出解释和阐述,并解释实验物种分布格局的生物学和生态学意义。

（2）动物种群和植物种群的空间分布格局有哪些异同? 总结归纳影响动植物种群分布格局的主要因素。

六、参考与拓展文献

[1] 白小军,贾琳,谷会岩.大兴安岭次生林区优势种落叶松分布格局及竞争作用[J].生态学报, 2021, 41(10):4194-4202.

[2] 冯江, 高玮, 盛连喜.动物生态学[M].北京:科学出版社, 2005.

[3] 付必谦, 张峰, 高瑞如.生态学实验原理与方法[M].北京:科学出版社, 2006.

[4] 高梅香, 林琳, 常亮, 等.土壤动物群落空间格局和构建机制研究进展[J].生物多样性, 2018, 26(10):1034-1050.

[5] 国庆喜, 孙龙.生态学野外实习手册[M].北京:高等教育出版社, 2010.

[6] 姜汉侨,段昌群,杨树华,等.植物生态学[M].2版.北京:高等教育出版社,2010.

[7] 兰国玉,雷瑞德.植物种群空间分布格局研究方法概述[J].西北林学院学报,2003,18(2):17-21.

[8] 杨持.生态学[M].3版.北京:高等教育出版社,2014.

[9] 张昊楠,薛建辉.贵州赤水常绿阔叶林不同层次树木空间分布格局和竞争的关系[J].生态学报,2018,38(20):7381-7390.

[10] 周长发,吕琳娜,屈彦福,等.基础生态学实验指导[M].北京:科学出版社,2017.

[11] 朱志红.生态学野外实习指导[M].北京:科学出版社,2014.

‖ 实验十二 ‖
种群的生活史观测

一、实验目的

理解种群生活史的过程和生态意义,掌握生物种群生活史观测的主要思路和技术方法,了解常见生物种群生活史的主要过程与阶段。

二、实验原理

生物个体从出生到死亡所经历的全部过程称为生活史(life history)或生活周期(life cycle),主要包括出生、生长、分化、繁殖、衰老和死亡等过程。任何一个生物种群,都是由不同生活史阶段的个体组成。因此,生活史既包含生物从出生、生长、分化、繁殖、衰老和死亡等重要的个体发育阶段,也包含子代与亲代的更迭过程。同时,不同生物类群的生活史既相似又不同,而且伴随生物从低等到高等不断进化,贯穿了生物系统发育的重要概念。因此,生活史又是联系生物个体发育和系统发育的纽带。

生物的生活史由遗传物质所决定,一般是不能改变的,但受外界条件的影响,在一定范围内某些性状具有可塑性,如在干旱条件影响下,植物的种子数量、种子大小和植株的高低都可能改变,但其生活史格局不会被改变。此外,生活史的一些遗传特性常为另一些遗传特性所制约,并与其形成过程中的自然选择有关,如寿命长的生物其生殖期开始往往较迟,个体小的生物其寿命常常较短等。由于不同生物进化背景及适应程度的不同,不同种群的生活模式差异很大。

开展动植物生活史及其生活史格局的研究,可以在了解种群生活史特征的基础上结合种群数量特征制定保护和管理策略。例如,异斑小字大蚕蛾(害虫)的生活史主要由卵、幼虫(6龄)、蛹、成虫等四个阶段组成,幼虫期又分6龄,且历期最长,占整个世代的49.91%。因此,确定异斑小字大蚕蛾幼虫的龄数,并对其虫态的历期、历代生活史进行研究,掌握该害虫的发生规律,推测害虫在该地区的年际生活史,可以更好地制定防治策略,进行虫害预测预报。

种群生活史的研究主要包括个体大小、生长与发育、繁殖和扩散、生活史策略等内容,主要是比较不同生活史类群的生物学意义及其生态学解释,而不是研究某一类群生活史的绝对现象。由于大多数生物的生活史过程时间较长,很难在短时间内观察到完整的生活史,因此,大多只能用调查的方式进行拟合和重建。

三、实验用品

1.材料

常见动物(蜉蝣、蜻蜓、叶蝉、网蝽等种群)和一些生活史较短的植物(白花车轴草、拟南芥等种群)。

2.试剂

乙醇等。

3.器材

水网、扫网、扑网、白瓷盘、计数器、镊子、信封、塑料瓶、放大镜、照相机、显微镜等。

四、实验内容

(1)选择一块草地,集中分布常见的生活史较短的植物种群(如白花车轴草、拟南芥等),拍摄种群不同年龄或阶段的个体(如幼苗、无花苞个体、有花苞个体、开花期个体、花后期个体、结实个体、枯萎个体等),分析统计照片信息,将它们排成系列,对比分析它们的生活史过程。

(2)在自然水体中用水网或扫网收集蜉蝣、蜻蜓等几个种群的幼虫和成虫,尽可能包括不同大小的个体,带回实验室,在放大镜或显微镜下,按身体、翅芽大小等将它们排成系列并拍照,对比分析它们的生活史。

(3)在常见植物(如樟树、悬铃木等)的叶背面搜集几种寄生虫(如叶蝉、网蝽等),尽可能搜集不同生活史阶段的虫体放置于酒精瓶中,带回实验室,在放大镜或显微镜下,按身体大小、有翅无翅等将它们排成系列并拍照,对比分析它们的生活史。

（4）注意事项。

①野外采集实验材料时，禁止采集野生保护动植物，应尽量避免破坏野生动植物的生境。在收集昆虫时，为了安全，最好不要收集胡蜂、马蜂等有毒昆虫。

②实验材料的数量不要太多，但收集的材料应尽量包含种群生活史的各个阶段和不同的状态。

五、思考题与作业

（1）汇总全组或全班的数据，对比分析实验种群生活史的现状和多样性。

（2）水生昆虫（如蜉蝣、蜻蜓）的发育过程与陆生昆虫（如叶蝉、网蝽）有哪些不同？

（3）有些生物一年可生育几代，有些只有一代，它们各有什么适应特点和生态意义？

六、参考与拓展文献

[1] 冯江，高玮，盛连喜.动物生态学[M].北京：科学出版社，2005.

[2] 姜汉侨，段昌群，杨树华，等.植物生态学[M].2版.北京：高等教育出版社，2010.

[3] 孙儒泳，王德华，牛翠娟，等.动物生态学原理[M].4版.北京：北京师范大学出版社，2019.

[4] 严雪婷，顾肖璇，陈鹭真.红树植物生活史过程的能量利用策略[J].生态学杂志，2021，40（1）：245-254.

[5] 杨持.生态学[M].3版.北京：高等教育出版社，2014.

[6] 杨允菲，祝廷成.植物生态学[M].2版.北京：高等教育出版社，2011.

[7] 张锦坤，胡可炎，张国，等.异斑小字大蚕蛾幼虫形态、龄期与生活史研究[J].应用昆虫学报，2021，58（1）：158-164.

[8] 周长发，吕琳娜，屈彦福，等.基础生态学实验指导[M].北京：科学出版社，2017.

[9] 祖元刚，王文杰，杨逢建，等.植物生活史型的多样性及动态分析[J].生态学报，2002，22（11）：1811-1818.

‖ 实验十三 ‖
植物种内、种间竞争实验

一、实验目的

理解植物种内、种间竞争的一般原理,学习并掌握种内、种间竞争实验的基本方法和技术,观察和了解植物种内、种间竞争的特点和规律,认识植物种内、种间竞争在种群水平和个体水平上的重要作用。

二、实验原理

生物之间的相互关系主要包括种内关系和种间关系。由于营养物质、资源、空间和异性数量在自然情况下往往都是有限的,因而生物个体之间往往存在竞争。竞争关系又分为种内竞争和种间竞争,竞争在动物中主要表现为对食物、领地、配偶及捕食和反捕食的竞争,而在植物则主要体现为对空间和资源方面的竞争。很多时候,同种个体间的竞争(种内竞争)要比不同物种间的竞争(种间竞争)更为强烈。

1.种内竞争

植物的种内竞争(intraspecific competition)主要体现在个体之间的密度效应方面,最终影响个体产量和种群死亡率。种群内个体之间在过密或者过疏的情况下,能通过负反馈调节机制进行自我调节。当种群过密时,个体对有限资源(空间、光照、水分和营养物质等)的竞争将十分激烈,个体生物潜能的发挥会受到严重影响,结果使部分个体死亡或者体型变小,最终减少种群内个体的数量和质量。最后产量恒值法则表明,当植物种群的密度远远超过环境容纳量K值时,在一定条件下,尽管种群密度不同,但最后产量却十分接近,种群大小没有同最后产量表现出相关关系。这主要是由于密度效应的缘故,因为种群密度过大,相邻个体的生长受抑制的程度增大,个体上的构件数量和生长情况也越少或越差,单株平均产量就减小。因而,在植物种群生长过程中,必须重视个体及各个构件的生长情况,充分认识个体上各个构件的意义。

目前发现植物的密度效应有两个基本规律。

(1)最后产量恒值法则。在一定范围内,当条件相同时,不管一个种群的密度如何,最后产量差不多总是一样的。用公式可表示为:

$$Y = \bar{W} \cdot d = K_i$$

式中:$\bar{W}$ 为植物个体平均重量,d 为密度,Y 为单位面积产量,K_i 为常数。

(2)-3/2自疏法则。在高密度的种群中,有些植株死亡了,种群出现自疏现象,日本学者 Yoda 把自疏过程中存活个体的平均干重($\bar{W}$)与种群密度(d)之间的关系用下式表示:

$$\bar{W} = Cd^{-a}$$

式中:a 是用密度/平均株干重的对数作图所得相关直线的斜率;C 是该直线在纵坐标上(平均株干重的对数)的截距。

英国生态学家 Harper 研究发现,a 为一个恒值,等于3/2。因此,$\bar{W} = Cd^{-3/2}$ 被称为 -3/2 自疏法则。其内在的生态学机理则是密度效应对植物个体异速生长模式的影响。许多理论和实践方面的研究工作表明,a 是否等于3/2,主要取决于种内竞争制约下的植物个体的异速生长模式。基于同样的机理,个体异速生长也决定着植物种群的产量-密度关系。

2.种间竞争

种间竞争(interspecific competition)是指具有相似要求的物种,为了争夺空间和资源而产生的一种直接或者间接抑制对方的现象。绿色植物的竞争主要是对光、水、矿质养分和生存空间的竞争。种间竞争对竞争个体的生长和种群数量的增加都有抑制作用。种间竞争的能力,决定于物种的生态习性和生态幅。同时,生长速率、个体大小、抗逆性、叶片、根系的数目以及植物的生长习性等都会影响植物的竞争能力。种间竞争的结果可能有两种情况:

(1)假如两个种是直接竞争者,即在同一空间、相同时间内利用同一资源,那么一个种群增加,另一个种群就减少,直到后者消灭为止。

(2)如果两个种在需求上或者空间关系上不相同,那么就有可能是两个种发生生态位的分离和互补,以维持各自种群的平衡。

三、实验用品

1.材料

小麦、玉米、油菜、莴苣等种子,沙土,有机肥。

2.器材

烘箱、天平、花盆、纸袋、标签、纱布、铅笔、剪刀、直尺、卷尺等。

四、实验内容

1.植物种群的种内竞争实验

(1)配制培养基质和装盆。

将土壤和肥料充分搅拌均匀,分别装进直径为22 cm的花盆中,平整土面,使土面低于盆口约2 cm。为保证每一花盆内土壤的均质性,需一次性完成同种均质土壤的装盆工作。花盆间留足距离,避免不同花盆内植株相互影响。

(2)密度设置和播种。

在播种前3天,将花盆浇透水,每天观察花盆中土壤的干湿情况,一般在第3天时,土壤干湿适中,可开始播种。将花盆随机分成3组,每组5盆,第1组每盆播种6粒玉米种子、第2组每盆播种10粒,第3组每盆播种20粒,种子尽量均匀分布。播种后,在每个花盆上贴上标签,标注好播种时间、处理号及重复号。待出苗完成后间苗,1、2、3组每盆分别保留3株、6株和15株健康且长势基本一致的幼苗,保留的幼苗尽量在花盆内均匀分布。

(3)平时管理和记录。

定时定量用喷壶浇水,防止土壤干燥影响种子发芽和幼苗生长。从出苗到收割前,每周记录一次株高、叶片数、死亡个体数、死亡叶片数等数据。每周将放置在实验场的花盆随机换一次位置,以减少随机干扰因素的影响。

(4)植株的收获及指标测定。

当植株生长到规定时间(5周及其以上),收获所有植株。测定株高和基径后,在自来水下小心清理根部杂质,用纱布将植株擦干,分根、茎、叶装入纸袋,并用铅笔在纸袋上注明材料编号。再将纸袋放入烘箱烘干至恒重(85 ℃约24 h)。从烘箱中取出纸袋,小心取出植物材料,用天平分别称量根、茎、叶的重量。

（5）数据分析。

通过植株形态数据和干物质量数据,分析种植密度对植物生长的影响,分析单位面积播种密度对单位面积干物质生产量的影响。

2.植物种群的种间竞争实验

（1）播种方式设置及分组。

实验选择小麦、油菜、莴苣3种植物的种子,设置2种播种方式:单播和3种混播,每一播种方式5个重复,共计20盆。

（2）配制培养基质和装盆。

将土壤和肥料充分搅拌均匀,分别装进直径为22 cm的花盆中,平整土面,使土面低于盆口约2 cm。为保证每一花盆内土壤的均质性,需一次性完成同种均质土壤的装盆工作。花盆间留足距离,避免不同花盆内植株相互影响。

（3）播种。

在播种前3天,将花盆浇透水,每天观察花盆中土壤的干湿情况,一般在第3天时,土壤干湿适中,可开始播种。单播每盆播种10粒种子,混播处理中三种种子各5粒。播种后,在每个花盆上贴上标签,标注好播种时间、处理号及重复号。待出苗完成后间苗,每盆分别保留健康且长势基本一致的幼苗6株（混播3种幼苗各2株）,保留的幼苗尽量在花盆内均匀分布。

（4）平时的管理和记录。

定时定量用喷壶浇水,防止土壤干燥影响种子发芽和幼苗生长。从出苗到收割前,每周记录一次株高、叶片数、死亡个体数、死亡叶片数等数据。每周将放置在实验场的花盆随机换一次位置,以减少随机干扰因素的影响。

（5）植株的收获及指标测定。

当植株生长到规定时间（5周及其以上）,收获所有植株。测定株高和基径后,在自来水下小心清理根部杂质,用纱布将植株擦干,分根、茎、叶装入纸袋,并用铅笔在纸袋上注明材料编号。再将纸袋放入烘箱烘干至恒重（85 ℃约24 h）。从烘箱中取出纸袋,小心取出植物材料,用天平分别称量根、茎、叶的重量。

（6）数据分析。

通过植株形态数据和干物质量数据,分析物种间竞争对植物生长的影响,比较不同物种在单播和混播中生长和生物量积累的变化,比较物种间竞争的不对称性。

3.注意事项

(1)实验时,尽可能保证各处理的光照、肥力和水分等实验条件一致。

(2)根据实验开展时间和地区气候选择合适的实验材料,尽量选择本地物种。

(3)在植物培养过程中,不同处理的植株密度要有明显差异。

五、思考题与作业

(1)在自然条件下,生物如何解决或减弱种内、种间竞争的影响,种内、种间竞争对物种进化有什么作用?

(2)植物种群在较高密度培养下,种内竞争剧烈,会出现自疏现象。请作一个实验设计,以验证自疏法则。

六、参考与拓展文献

[1] 付必谦,张峰,高瑞如.生态学实验原理与方法[M].北京:科学出版社,2006.

[2] 高玉葆,石福臣.植物生物学与生态学实验[M].北京:科学出版社,2008.

[3] 国庆喜,孙龙.生态学野外实习手册[M].北京:高等教育出版社,2010.

[4] 姜汉侨,段昌群,杨树华,等.植物生态学[M].2版.北京:高等教育出版社,2010.

[5] 李博,陈家宽,沃金森.植物竞争研究进展[J].植物学通报,1998,(4):20-31.

[6] 徐道炜,刘金福,洪伟.森林群落种内种间竞争研究进展[J].亚热带农业研究,2014,10(3):199-204.

[7] 杨持.生态学[M].3版.北京:高等教育出版社,2014.

[8] 章家恩.普通生态学实验指导[M].北京:中国环境科学出版社,2012.

[9] 周长发,吕琳娜,屈彦福,等.基础生态学实验指导[M].北京:科学出版社,2017.

‖ 实验十四 ‖
植物群落调查方法

一、实验目的

理解群落最小面积、样地法、无样地法的概念和原理,掌握样地法和无样地法调查植物群落的技术方法,了解常见植物群落的最小面积和群落特征,并可以根据具体的研究对象和生境选择适宜的调查方法。

二、实验原理

群落是指在某一时间聚集在同一空间内的各物种种群的集合。任何群落都由一定的种类组成以及相应的群落外貌和结构。群落调查是研究植物群落的基础和最为重要的方法之一,植物群落调查主要包括确定群落最小面积和利用样地法(或无样地法)调查植物群落两个步骤。

1.群落最小面积

在调查群落的种类组成之前,首先要确定最小的单位取样面积(群落最小面积),然后以一定数量该面积的取样单位开展调查。群落最小面积是指这样一个面积,即在同一群落之内,如果面积再增加的话,物种数目不再增加,或者稍微有所增加。植物群落的最小面积是最小体积的一个特例,它适用于平面上(即地面上)的植物群落。在浮游植物群落、浮游动物群落以及土壤群落中,或者在热带雨林的附生植物群落中,都会涉及群落最小体积问题。对真菌群落可能还会涉及最小时间或者最小面积与时间的乘积问题。

对某一具体群落而言,群落最小面积是指能保证展现出该群落种类组成和结构真实特征的最小面积,或能包括群落绝大多数种类并表现出群落一般结构特征的最小面积。群落最小面积随群落类型、群落所处演替阶段以及群落所处地理环境等因素的不同而有所差异。

　　原则上,一般通过种-面积曲线确定群落最小面积。一般来说,物种越丰富的群落,设置的样地面积也应越大。种-面积曲线描述了物种数量随面积增加而增加的规律,其机制在于:取样面积的增加可以包含更多的生境异质性,因此可包含更多物种数;随着取样面积的增加,所包含的个体数也将增加,从而具有包含更多物种的可能;某些进化或生态过程仅发生在面积足够大的生境。

2.样地法

　　样地法是依据一定的样地设置方式,在研究群落中选取一定面积的样地作为整个研究区域的代表,然后对样地进行调查分析,以样地调查结果来估算群落总体。样地法不仅是植物群落调查中使用最普遍的取样技术,也适合一些固着或活动性较弱的动物群落的取样研究,如底栖动物、浮游动物和土壤动物等群落的调查研究。样地法中样地设置、样地形状、样地大小及样地数目等相关指标的确定主要取决于研究目的、研究对象及生境状况,同时,也会直接影响研究结果的客观性。

　　(1)样地设置。

　　选择和设置合适的样地是群落调查的关键,在样地选择和设置时应注意以下几点:①群落内部物种分布均匀,群落结构完整、层次分明,生境相对一致;②群落面积足够,样地选在群落的中心区域(除非有特殊研究目的,如研究群落的边缘效应),避免在过渡地带设置样地,保证样地四周能够有10~20 m以上的缓冲区;③样地尽量设置在平地或较为平缓且坡度一致的区域,避免在山脊和山谷设置样地(特殊目的研究工作除外)。

　　(2)样地形状。

　　样地的形状,一般为方形,因此样地常称为样方。方形样地的周长与面积的比值较小,受边缘效应的影响较小。圆形样地边缘效应的影响最小,但在森林和灌丛中设置圆形样地不方便,一般在草地群落调查时常用。有时也设置长方形样地,虽然边缘效应影响较正方形和圆形大,有研究表明长方形样地可以更好地表现群落的变异,设置长方形样地时要注意环境梯度的变化。

　　(3)样地大小。

　　样地大小的确定,首先要考虑群落的类型、优势种的生活型、植被组成的均匀度以及生境的类型等因素,然后根据种-面积曲线确定,调查样地一般要大于群落最小面积。根据经验值,中国各类植被研究的最小面积:地衣和苔藓0.1~2 m²,矮草灌丛1~

2 m²,中草群落 16~25 m²,高草群落 25~100 m²,灌丛 100~200 m²,北方针叶林 200~400 m²,温带落叶阔叶林 200~400 m²,中亚热带常绿森林 400~600 m²,南亚热带常绿森林 800~1200 m²,热带雨林 2500~10000 m²。

（4）样地数目。

样地数目（样本容量）需要根据群落类型、性质和结构来确定。取样时,样地越多,代表性越大,误差越小,但所费人力、物力也越大,因此需要一个合理的样地数目。最小样地数目的确定可通过绘制滑动平均值或方差对取样数目的相关曲线来完成（图14-1）。曲线波动趋于平缓的一点所对应的样地数即为最小样地数。根据统计检验理论,样地数目≥30就比较可靠。但为了节省人力、物力与时间,每类群落可以根据实际情况选择3~5个样地进行调查研究。

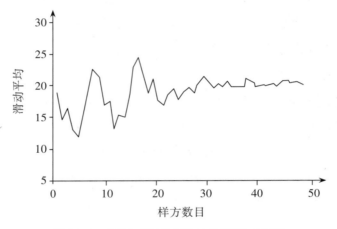

图14-1　方差与样地数目的关系（董鸣,1997）

3.无样地法

无样地取样技术是20世纪中叶发展起来的取样技术,主要有最近个体法、近邻法、随机成对法以及中心点四分法等,以中心点四分法应用较多和最为有效。与样地法相比,无样地法不用划取样地,以中心四分法为例,只需要在被调查的地段内确定一系列的中心点,测定从中心点到每个象限内最近个体的相关指标。

三、实验用品

1.材料

典型植物群落,可以选森林、灌丛和草地等系列植物群落。

2.器材

测绳、钢卷尺、皮尺、手持GPS、罗盘仪、测高器和测距仪等。

四、实验内容

1.样地生境调查

根据研究目的、群落特征和实地生境,选择和设置样地,并记录样地的生境特征,填入表14-1中。

表14-1 群落生境调查记录表

调查人		记录人		调查日期	
样地编号		群落名称		样地面积	
生境概况				群落特点	
调查地点		经纬度		群落外貌	
海拔高度/m		土壤类型		群落郁闭度	
坡度		小地形特点		群落分层及盖度	
坡向		地表特征		群落优势种	
坡位		地被物情况		人为干扰因素	

注:① 土壤类型:砂质土、黏质土和壤土等。② 坡位:脊部、上坡、中坡、下坡、山谷和平地等。③ 小地形特点:石/土山、沟谷、山脊、村边和路旁等。④ 地表特征:岩石、沙质和泥质等。⑤ 人为干扰因素:开发建设、农牧渔业活动、环境污染及其他等。

2.群落最小面积确定

当样地选定后,按图14-2所示设置样地并对样地内的植物种类进行计数。对于不同的群落类型,巢式样地起始面积和面积扩大的级数有所不同。一般来说,森林比草地群落的起始面积大,面积扩大的级数也较多。在森林群落中,热带森林的起始面积大于温带和寒温带森林,面积扩大的级数也是前者多于后者。森林多以1 m×1 m、2 m×2 m、5 m×5 m或10 m×10 m为开始样地的起点,草本一般以12.5 cm×12.5 cm为开始样地的起点。

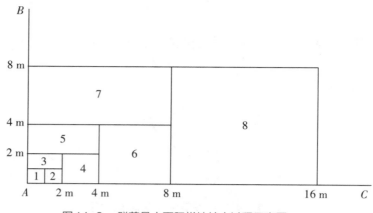

图14-2 群落最小面积样地扩大过程示意图

（1）在研究样地内任意选择一点A，固定，然后设置B、C两点，取样绳连接B、A、C，使之呈直角（如图14-2）。

（2）在邻近原点A处确定初始样地（1号样地，本实验中1 m×1 m），调查并记录样地中出现的植物种类，调查记录格式见表14-2。

（3）扩大样地，调查2号样地中新出现的物种。如此逐渐扩大样地面积，调查扩大样地中出现的新物种。

（4）随着样地数目的增多和样地总面积的增大，物种总数亦增多；但到一定面积后，物种总数甚少增加或不再增加；直到连续3次扩大调查面积，不再出现新物种或新物种出现很少时，结束调查。

表14-2 群落最小面积调查统计表

样地号	调查样地面积/m²	调查样地中新增物种的名称	累积样地面积/m²	累积样地面积中出现的物种总数
1	1		1	
2	1		2	
3	2		4	
4	4		8	
5	8		16	
6	16		32	
7	32		64	
8	64		128	
...				

（5）绘制种-面积曲线。

统计调查样地中出现的种,以累积调查样地面积为横轴,以累积调查面积中出现的物种总数为纵轴,绘制种-面积曲线(图14-3)。

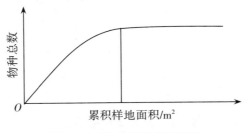

图14-3　种-面积曲线示意图

（6）确定群落最小面积。

种-面积曲线在最初快速上升,曲线表现较陡;而后,随着取样次数的增加,累积的取样面积增大,重复出现的种类数逐渐增多,新出现的种类数逐渐减少,新种增加速率逐渐降低;当面积继续增大时,累计的种类数变化很少甚至无变化,在曲线上出现一个由陡变缓的转折点,种-面积曲线开始趋向于平缓,呈水平延伸,该转折点所指示的样地面积即为群落最小面积。实际应用中,可以把面积扩大10%,种数增加不超过5%时的样地面积,作为群落的最小面积;也可以把包括样地总种数84%的样地面积作为群落的最小面积。

3.样地法调查植物群落

首先,根据研究目的、研究对象和群落生境选择并设置样地;其次,再确定样地的形状、大小和数目,记录群落生境(格式参考表14-1);然后,再根据样地的群落结构特点分层调查。乔木层植物每木调查,灌木层、草本层和层间植物一般按物种种类调查,并将调查内容分别填入乔木层植物调查表(表14-3)、灌木层植物调查表(表14-4)、草本植物调查表(表14-5)和层间植物调查表(表14-6)等。

表14-3　乔木层植物调查表

样地编号		群落名称		样地面积		群落分层及盖度	
编号	植物名称	高度/m	胸径/cm	冠幅/m	物候期	生活力	生活型

注:物候期分叶、花、果、落叶等;生活力分优、中、差等。

表14-4　灌木层植物调查表

样地编号		群落名称		样地面积			群落分层及盖度	
编号	植物名称	平均高度/m	平均基径/cm	株丛数	盖度/%	物候期	生活力	生活型

表14-5　草本植物调查表

样地编号		群落名称		样地面积			群落分层及盖度	
编号	植物名称	株丛数	平均高度/m	盖度/%	物候期		生活力	生活型

表14-6　层间植物调查表

样地编号		群落名称			样地面积		群落分层及盖度	
编号	植物名称	类型	数量	物候期	生活力	生活型	直径或体积	被附着植物

注:层间植物分藤本、附生、寄生等类型。

4.无样地法调查植物群落

以中心点四分法为例示范无样地法取样。中心点四分法取样时首先应在取样地段内设置一系列的中心点(随机点),围绕各中心点的面积划分为四等分或四个象限,测定从中心点到每个象限内最近个体的各项指标。中心点可以通过取样地段内的一系列线来确定,也可用限定随机法来确定。中心点之间的距离以不会重复测到同一个体为准。中心点的数目不能低于能代表所调查群落特征的最少点数。最少点数采用种-点数曲线确定,类似样地最小面积确定方法。调查指标包括植物名称、点—树距离、树的高度、冠幅、胸径、物候期和生活力等(表14-7),具体指标可视研究目的而定。

表14-7 无样地法调查植物群落记录表

样点序号	象限	植物名称	点—树距离/m	高度/m	冠幅/m	胸径/cm	物候期	生活力
1	I							
2	II							
3	III							
4	IV							
…	…							

5.数据整理

整理群落最小面积、样地法及无样地法调查数据,用于分析群落最小面积、群落结构、群落物种组成及群落物种多样性等实验项目。

五、思考题与作业

(1)查阅资料,分析并归纳典型植物群落的最小面积。

(2)如果种-面积曲线没有呈现饱和增加型(拐点后的平缓直线),而是呈线性增加型,请分析其可能原因。

(3)比较样地法和无样地法调查植物群落的优劣,针对不同生境和不同类型群落该如何选择调查方法?

六、参考与拓展文献

[1] 董鸣.陆地生物群落调查观测与分析[M].北京:中国标准出版社,1997.

[2] 方精云,王襄平,沈泽昊,等.植物群落清查的主要内容、方法和技术规范[J].生物多样性,2009,17(6):533-548.

[3] 冯江,高玮,盛连喜.动物生态学[M].北京:科学出版社,2005.

[4] 付必谦,张峰,高瑞如.生态学实验原理与方法[M].北京:科学出版社,2006.

[5] 郭柯,方精云,王国宏,等.中国植被分类系统修订方案[J].植物生态学报,2020,44(2):111-127.

[6] 姜汉侨,段昌群,杨树华,等.植物生态学[M].2版.北京:高等教育出版社,2010.

[7] 李永宁,马凯,黄选瑞.金莲花产量抽样调查的样地最小面积与形状研究[J].草业学报,2011,20(4):61-69.

[8] 中国科学院生物多样性委员会.生物多样性与人类未来:第二届全国生物多样性保护与持续利用研讨会论文集[C].北京:中国林业出版社,1998.

[9] 孙振钧,周东兴.生态学研究方法[M].北京:科学出版社,2010.

[10] 宋永昌.植被生态学[M].2版.上海:华东师范大学出版社,2017.

[11] 王国宏,方精云,郭柯,等.《中国植被志》研编的内容与规范[J].植物生态学报,2020,44(2):128-178.

[12] 杨持.生态学[M].3版.北京:高等教育出版社,2014.

[13] 章家恩.普通生态学实验指导[M].北京:中国环境科学出版社,2012.

[14] 张金屯.数量生态学[M].2版.北京:科学出版社,2011.

‖ 实验十五 ‖
植物群落种类组成和数量特征

一、实验目的

理解植物群落种类组成和数量特征的生态意义和实践作用,学习利用样地法和无样地法调查植物群落的种类组成,学会分析群落的数量特征,了解调查区域典型植物群落的种类组成、分布规律及其与环境的相互关系。

二、实验原理

种类组成是群落的基本特征,是决定群落性质的重要因素,可以依据组成区分群落的类型,还可以依据组成的变化判断群落的演替阶段以及组成变化与环境的关系。为研究方便,常把群落按物种分为植物群落、动物群落和微生物群落等。植物群落中各个物种对群落的作用因其自身数量的多寡和作用强度的不同而不同。在植物群落种类组成调查中,除了获得完整的种类名录外,还需对群落的数量特征进行描述和测定,以便研究不同物种之间的数量关系,从多个方面综合评价不同物种在群落中的相对作用。

1.种类组成的性质

群落中的不同物种,在群落中的地位和作用也各不相同,群落的类型和结构因而也不同。群落的种类组成情况在一定程度上反映出群落的性质,可根据各个物种在群落中的作用划分群落成员型。常见类型如下:

(1)优势种。

对群落结构和群落环境的形成有明显控制作用的物种称为优势种(dominant species),通常是个体数量多、投影盖度大、生物量高、体积较大、生活能力较强的物种,即优势度较大的种。群落中的优势种一般不以数量的多少作为确定标准,而主要依靠其在群落中的地位高低和作用大小。群落中优势种的数量与环境条件密切相关,在环境条件不良的地区,由于组成群落本身的物种少,所以优势种的数目也少。而环境条件越优越,群落的结构越复杂,组成群落的生物种就越多,其优势种数目也会相应增多。

(2)建群种。

植物群落的不同层次都可以有各自的优势种,比如森林群落分乔木层、灌木层、草本层和地被层,每层都存在优势种,而优势层的优势种常称为建群种(edificator 或 constructive species)。比如乔木层的优势种就是森林群落的建群种。如果群落中的建群种只有一个,则该群落称为"单建群种群落"或"单优种群落";如果具有两个或两个以上同等重要的建群种,就称为"共建种群落"或"共优种群落"。

(3)亚优势种。

亚优势种(subdominant species)的个体地位与作用都次于优势种,但在决定群落性质和控制群落环境方面仍起着一定作用。

(4)伴生种。

伴生种(companion)为群落的常见种类,它与优势种相伴存在,但不起主要作用。

(5)偶见种或罕见种。

偶见种(rare species)是指那些种群数量稀少、在群落中出现频率很低的种类。偶见种可能是偶然由人类活动带入或随着某种条件的改变而侵入的物种,也可能是衰退中的残遗种。有些偶见种的出现具有生态指示意义,有的还可以作为地方性特征种来看待。

2.种类组成的数量特征

(1)种的个体数量指标。

①多度。

多度(abundance)是表示一个种在群落中的个体数目。植物群落中植物间的个体数量对比关系,可以通过各个种的多度来确定。多度的统计方法通常有两种:一是个体的直接计算法,即"记名计算法",在一定面积的样地中,直接点数各种植物的个体数目,然后算出某种植物与同一生活型的全部植物个体数目的比例。

$$相对多度(\%) = \frac{某物种个体数总数}{同一生活型全部物种个体总数} \times 100$$

另一种方法是目测估计法,一般在植物个体数量多而植物体形小的群落,如灌木、草本群落,或者在概略性的踏查中应用,是按预先确定的多度等级来估计单位面积上个体的多少。其中以德氏(Drude)多度最为常用,划分方法为:Soe——极多,植物地上部分郁闭;Cop³——很多;Cop²——多;Cop¹——尚多;Sp——尚少,不多而分散;Sol——少而稀疏;Un——个别或单株。

②密度。

密度(density)是种群内部自动调节的基础,它部分地决定着种群的能量流、资源的可利用性、种群内部压力的大小以及种群的生产力。

植物的密度是指单位面积上的植物株数,公式如下:

$$密度(\%) = \frac{某物种个体总数}{样地面积} \times 100$$

乔木、灌丛和丛生草本一般以植株或株丛计数,根茎植物以地上枝条计数。利用样地法计算密度时,一般以植物的根部位于样地内为标准。密度是一个平均数值,受种群空间分布格局的影响,在进行不同群落比较时应说明所用样地的大小。样地内某一物种的个体总数占全部物种个体数的百分比称为相对密度(relative density)。某一物种的密度占群落中密度最高物种密度的百分比称为密度比(density ratio)。

$$相对密度(\%) = \frac{某物种个体总数}{全部物种个体总数} \times 100$$

③盖度。

盖度(coverage)指植物地上部分垂直投影面积占样地面积的百分比,即投影盖度。投影盖度又可分为种盖度(分盖度)、层盖度和总盖度(群落盖度)。由于植物枝叶相互重叠,通常分盖度或层盖度之和大于总盖度。林业上常用郁闭度来表示乔木层的盖度。基盖度指植物基部着生面积占样地面积的百分比。草本植物的基盖度常以离地面2.54 cm高度(大致与大型食草动物的啃食高度相当)断面计算,对乔木则以树木胸高(离地1.3 m处,同时考虑板根和支柱根等对测定的影响)断面计算。乔木的基盖度一般称为显著度(dominant)或优势度。群落中某一物种的分盖度占所有分盖度之和的百分比为相对盖度(relative cover)。某一物种的盖度占盖度最大物种的盖度的百分比称为盖度比(cover ratio)。

测定盖度的方法很多,大致可分为目测估计和定量测定两大类。目测估计是在粗略的野外调查中经常采用的方法。根据目测结果,参考Braun-Blanquet 5级制将物种的盖度划分为不同的盖度等级。1级:<5%;2级:5%~25%;3级:25%~50%;4级:50%~75%;5级:75%~100%。对于草本植物的投影盖度,除可直接目测估计外,还可用网格法进行估计,即将预先制成的一定面积的网架放置在样地上,目测估计落在草丛上的网格数。若样地内盖度变化幅度很大,则需先将样地按植被覆盖程度划分为不同区域,分别估计各小区的盖度,然后再按小区所占样地比重计算盖度的加权平均值。目测法简单快速,但所得结果只能用于群落特征比较,不能用于统计分析。因此,在对群落特征进行数量分析时,必须对盖度进行定量测定。在实际调查中,草本植物的盖度往往通过样地内实测作图、测线法及统计法等来定量测定。乔木的基盖度可通过测定树干的圆周(l)或直径(d),按圆面积公式 $s=\pi r^2=\dfrac{l^2}{4\pi}$ 或 $s=\dfrac{\pi d^2}{4}$ 计算得出;投影盖度则可通过在相互垂直方向测定树冠的长径和短径,然后求其平均值,利用圆面积公式进行近似计算。

④频度。

频度(frequency)即某个物种在调查范围内出现的频率。频度在一定程度上反映了物种在群落中水平分布的均匀程度。一般来讲,普遍分布的物种较限于局部区域的物种对群落的影响可能更大。对具有相同个体数的不同地段进行调查时,由于分布格局的不同,可能得到不同的频度;而同一频度的物种,其分布格局也可能大不相同。此外,频度与样地大小密切相关,样地越大,频度越高。因此,在测定频度时必须注意样地大小,一般应取面积较小和数目较多的样地,结果比较真实。常按包含该种个体的样地数占全部样地数的百分比来计算,即:

$$频度(\%) = \frac{某物种出现的样地数}{所调查的样地总数} \times 100$$

$$相对频度(\%) = \frac{某物种的频度}{所有种的频度总和} \times 100$$

⑤高度。

高度(height)不仅代表植物地上部分在群落垂直结构中所占的位置,而且常常也在一定程度上间接反映了植物地下部分的深度。因此,高度反映了不同物种与物理环境(如光、温、水和营养物质等)的关系,植物的生长状况,资源利用能力和竞争适应能力以及对群落环境的控制作用(尤其明显地体现在上层植物对下层植物的荫蔽)。高度的测定通常分为最高、最低与平均高度3项,以平均高度使用最多。高度可以实测,也可以估计。测量时常取植物体的自然高度。但在草本植物的测定中,为避免风等对植物高度的影响,有时也将植株拉直来测,测得的值称为植株的绝对高度。

⑥重量。

重量(weight)是指单位空间中植物地上部分(或地下部分)的干重或鲜重。有人认为在各种数量指标中,重量是最能反映物种在群落中功能作用大小的一个指标,因为一个种的资源利用能力、竞争能力和优势程度等最终都表现在它对群落有机物质的占有上。重量指标在草地生态学研究中使用较多,一般用直接收割称量的办法测得。对于灌丛和乔木,一般采用估测。单位面积或体积内某一物种的重量占全部物种总重量的百分比称为相对重量。

⑦体积。

在森林植被研究中,体积(volume)指标特别重要。体积的测定往往比较困难,乔木常常用计算的方法求得树干的体积,进而计算林木蓄积量。单株乔木的体积由胸高断面积(s)、树高(h)和形数(f)三者的乘积计算获得,即 $V = s \times h \times f$。形数是树干体积与等高同底的圆柱体体积之比。对于草本植物或小灌木,体积则可用排水法进行测定。

(2)种的综合数量指标。

① 优势度。

优势度(dominance)用以表示一个种在群落中的地位与作用,但其具体定义和计算方法各家意见不一。Braun-Blanquet主张以盖度、所占空间大小或重量来表示优势度,并指出在不同群落中应采用不同指标。苏卡乔夫(1938)提出,多度、体积或所占据的空间、利用和影响环境的特性、物候动态应作为某个种的优势度指标。

② 重要值。

重要值(importance value)是用来表示某个种在群落中的地位和作用的综合数量指标,因为它简单、明确,所以在近些年来得到普遍采用。重要值是美国的Curitst和McIntosh(1951)首先使用的,他们在威斯康星研究森林群落连续体时,用重要值来确定乔木的优势度或显著度,计算公式如下:

重要值(Ⅳ)=相对密度+相对频度+相对优势度(相对基盖度)

上式用于草原群落时,相对优势度可用相对盖度代替,即:

重要值(Ⅳ)=相对密度+相对频度+相对盖度

③ 综合优势比。

综合优势比(summed dominance ratio),是由日本学者召田真等(1957)提出的一种综合数量指标。包括两因素、三因素、四因素和五因素等四类。常用的为两因素的综合优势比(SDR_2),即在密度比、盖度比、频度比、高度比和重量比这五项指标中取任意两项求其平均值再乘以100%,如:

$$SDR_2 = \frac{密度比 + 盖度比}{2} \times 100\%$$

(3)中心点四分法数据整理。

由于中心点四分法是以点-树间的距离作为测定物种密度的依据,所得数据可作如下整理:

①物种密度(D_i)和相对密度(RD_i):

$$点-树平均距离\ \bar{d} = \frac{所有随机点4个象限内点-树距离之和}{距离个数}$$

$$个体占有平均面积\ (m) = \left(\bar{d}\right)^2$$

$$单位面积内物种总密度\ (D) = \frac{10000}{\left(\bar{d}\right)^2}$$

$$某一物种的相对密度\left(RD_i\right) = \frac{n_i}{N} \times 100\%$$

$$某一物种的密度\ (D_i) = RD_i \times D$$

式中:n_i 和 N 分别为所有随机点4个象限内某一物种的个体数及所有物种的总个体数。

②物种频度(F_i)和相对频度(RF_i):

$$某一物种的频度\left(F_i\right) = \frac{p_i}{总随机点数} \times 100\%$$

$$某一物种的相对频度\left(RF_i\right) = \frac{F_i}{所有物种的频度之和} \times 100\%$$

式中:p_i 为某一物种出现的随机点数。

③物种优势度(Do_i)和相对优势度(RDo_i):

$$某一物种的优势度\ (Do_i) = \sum DA_i$$

$$某一物种的相对优势度\left(RDo_i\right) = \frac{Do_i}{TDA} \times 100\%$$

式中：$\sum DA_i$ 为所有随机点中某一物种的胸断面积之和；TDA 为所有物种的胸断面积之和。

④物种重要值：

$$重要值（Ⅳ）=相对密度+相对频度+相对优势度$$

三、实验用品

1.材料

典型植物群落，可选由森林、灌丛和草地等组成的系列群落。

2.器材

手持 GPS、罗盘仪、测高仪、电子天平、电子台秤、干燥箱、铝盒、测绳、钢卷尺、枝剪、普通剪刀、镊子、小铲子、塑料袋、纸袋、编织袋、植物本夹、记号笔、标签纸等。

四、实验内容

1.样地选择

根据不同地区的特点，选取适宜的植物群落（如森林、灌丛和草地等群落）进行调查。选择的样地应当能够代表调查群落的基本特征，因此样地应选在群落的典型地段，而且应有足够大的面积。

2.样地设置

参考"实验十四 植物群落调查方法"中群落最小面积的确定方法，确定群落最小面积和样地调查面积。通过绘制滑动平均值或方差对取样数目的变化曲线来确定样地数目，或由研究人员根据野外工作经验加以确定。

根据调查区域的环境特征和群落的水平分布情况，讨论并决定适宜的样地配置方式。例如，对于湖岸湿地植被的调查，可按与湖岸垂直方向（主要考虑水分梯度变化）建立数条样带，进行系统取样或分层取样。

3.样地调查

4~5 人为一组，在选取的样地内进行调查。需要调查和记录的主要内容如下：

（1）样地的地理位置、生境状况和人类活动的影响。包括调查地点名称，经纬度，周围环境（如河流、道路、村庄以及相邻群落类型等），地形地貌（包括海拔高度、坡向、坡度、地形起伏及侵蚀状况等),地表状况(地面覆盖、湿地积水状况等),土壤特征(土壤类型、土层厚度、质地、颜色、pH值等),人类利用方式(如开垦、砍伐、放牧等)和强度等。详细参考"实验十四 植物群落调查方法"。

（2）群落总体特征。包括植被类型,群落外貌、季相、成层现象和水平镶嵌现象等。详细参考"实验十四 植物群落调查方法"。

（3）定量调查植物群落的数量特征。样地法将调查结果记录在表14-3、表14-4、表14-5和表14-6中,无样地法将调查结果记录在表14-7中。对于不能准确鉴定的植物,应仔细记录植物编号,并将标本带回室内进一步检索鉴定。

（4）在测定完数量特征后,用直接收割法测定草本植物群落地上部分的生物量。要求将样地内的植物齐地面剪下按种分装入塑料袋中,写好标签,称量鲜重。

（5）对于湿地植被调查,还需采集土壤样品进行进一步的分析(如土壤含水量、pH值、盐碱度、总有机质、总氮、总磷等),至少应该采集土壤样品带回室内测定土壤含水量。

4.室内工作

主要包括:

（1）植物标本鉴定。

（2）植物干重的测定。将带回的样品装入信封或纸袋中,85 ℃烘干至恒重,测定干重。

（3）土壤含水量的测定。称取土壤样品约10 g置入已知重量的铝盒中,105±2 ℃烘至恒重(约需12 h),取出后放入干燥器内,冷却20 min称重。令g_0、g_1和g_2分别代表铝盒重、铝盒+湿样重、铝盒+烘干样重,利用下式计算土壤含水量:

$$土壤含水量（\%）= \frac{g_1 - g_2}{g_2 - g_0} \times 100$$

5.数据统计分析

将各小组获得的调查数据(表14-1、表14-3、表14-4、表14-5、表14-6、表14-7)进行汇总、整理,并统计和分析。

6.注意事项

（1）植物群落调查前,应先收集当地的地理位置、地形地貌、地带性植被类型、水文状况、人为干扰情况、周边的社会经济情况等资料。提前制定详细的工作计划并做好相关准备。

（2）在植物群落常规调查中,样地应设在地形地貌和土壤环境相对均质的地段, 应选在群落的典型地段,尽量规避人为干扰,使样地能够充分反映典型群落的真实情 况,代表群落的完整特征。

（3）在样地法调查中,频度的测定受样地大小影响很大,调查样地大小要慎重 确定。

五、思考题与作业

（1）根据实验调查资料,统计分析植物群落的数量特征,综合评价各种植物的相 对重要性,确定群落的优势种、建群种、亚优势种、伴生种和偶见种,归纳群落种类组 成的特点,分析植物种类组成和数量特征与群落环境之间的关系,探究群落的结构和 稳定性。

（2）将多个数量指标合并为单个综合指标(重要值或综合优势比)的理由什么? 比较和分析利用不同综合指标评价所得结果的异同。对于所研究的具体群落,你认 为取哪些数量指标衡量物种的相对重要性较为合适?

六、参考与拓展文献

[1] 崔鹏,邓文洪.鸟类群落研究进展[J].动物学杂志,2007,42(4):149-158.

[2] 方精云,王襄平,沈泽昊,等.植物群落清查的主要内容、方法和技术规范 [J].生物多样性,2009,17(6):533-548.

[3] 付必谦,张峰,高瑞如.生态学实验原理与方法[M].北京:科学出版社, 2006.

[4] 姜汉侨,段昌群,杨树华,等.植物生态学[M].2版.北京:高等教育出版社, 2010.

[5] 沈洁,史童伟.人工植物群落调查与评价方法设计探讨[J].贵州农业科学, 2009,37(10):172-174.

[6] 孙振钧,周东兴.生态学研究方法[M].北京:科学出版社,2010.

[7] 宋永昌.植被生态学[M].2版.上海:华东师范大学出版社,2017.

[8] 王国宏,方精云,郭柯,等.《中国植被志》研编的内容与规范[J].植物生态

学报，2020，44（2）：128-178.

　　[9] 杨持. 生态学[M]. 3 版. 北京：高等教育出版社，2014.

　　[10] 杨允菲，祝廷成. 植物生态学[M]. 2 版. 北京：高等教育出版社，2011.

　　[11] 张金屯. 数量生态学[M]. 2 版. 北京：科学出版社，2011.

　　[12] 朱立安，魏秀国. 土壤动物群落研究进展[J]. 生态科学，2007，26（3）：269-273.

‖ **实验十六** ‖
种间关联的观测和判定

一、实验目的

理解种间关联在不同环境和不同时期的变化规律,理解种间关联的原理和意义,掌握种间关联的调查和分析方法,了解常见生物间及生物与环境间的相互关系。

二、实验原理

种间关联和种间协变是种间关系统计学上的两个重要方法,其中种间关联最为常用。种间关联是各物种在群落中可能存在的相互关系的反映,体现了物种生态幅的差异,也是群落中生态因子综合效应的反映。在一个特定群落中,如果两个种同时出现的次数比期望的更多,它们就具正关联;正关联可能是因一个种依赖于另一个种而存在,或两者受生物的和非生物的环境因子影响而生长在一起。而另一些物种,由于竞争排斥或对环境、资源要求的明显差异而相互排斥,如果它们共同出现的次数少于期望值,则它们具负关联。

种间关联是以种在取样单位中的存在与否来估计的,因而调查样方面积的大小对研究结果有重要影响。如果样方面积小于种间关系作用范围,会使两个相互关联的种无法出现在同一样方里;相反,过大的样方面积可能超出种间关系作用范围,会使互不相关的物种可能出现在同一样方里。因此,要根据具体的研究对象确定适宜的调查样方面积。在均质群落中,可以预期种间关联是随样本大小的增加而增大,达到某一点后则维持不变。

表达种与种(种对)之间是否关联,关联程度如何,常用关联系数表示,计算前先列出2×2列联表(表16-1),其基本原理如下:

表16-1　2×2列关联表

物种 x	物种 y	
	有	无
有	a	b
无	c	d

根据两个物种在样方中出现的情况,可以分为四种情况,即:

既具 x,又具 y 的,属 a 型;有 x 无 y 的,属 b 型;无 x 有 y 的,属 c 型;既无 x,又无 y 的,属 d 型。

如果两个物种是正关联的,则绝大多数样方应属 a 型或 d 型;如果两个物种是负关联的,则绝大多数样方应属 b 型或 c 型;如果两个物种没有任何关联,则上述4种类型出现的机遇应该是相等的,即完全随机的。

关联系数的计算可按下式进行:

$$V = \frac{ad - bc}{\sqrt{(a+b)(c+d)(a+c)(b+d)}}$$

式中:V 是关联系数,其值变化范围为-1到+1;若 $V>0$,表示正关联;若 $V<0$,表示负关联;若 $V=0$,表示无关联。

关联系数显著性的检验采用 χ^2 检验法,即

$$\chi^2 = \frac{N(ad-bc)^2}{(a+b)(c+d)(a+c)(b+d)}$$

式中:N=总样方数=$a+b+c+d$。

若 χ^2 值大于 $3.84(\chi^2_{0.05,1} = 3.84)$,则表明关联显著,达95%显著性水平;若 χ^2 值大于 $6.64(\chi^2_{0.01,1} = 6.64)$,则表明关联极显著,达99%显著性水平。

这种方法虽然简单又方便,但其所测的结果可能随调查样方面积的大小不同而不同。因此,多采用系列样方法对种对作相关分析。

三、实验用品

1.材料

2种或2种以上植物共生的自然群落。

2.器材

系列样方框(12.5 cm×12.5 cm、12.5 cm×25 cm、25 cm×25 cm、25 cm×50 cm、50 cm×50 cm、50 cm×100 cm、100 cm×100 cm),铅笔,野外记录表格,计算器等。

四、实验内容

1.种间关联的观测

(1)选择合适的样地,调查记录样地的生境,详细参考"实验十四 植物群落调查方法"。

(2)每3人为一组,用系列样方框调查实验对象在各级样方中的"有"或"无"。每一级样方重复100次。调查样方随机放置。

(3)根据调查数据,分别整理出每两种对间在不同样方级别上的2×2列关联表,并计算其χ^2值,将结果填入记录表(如表16-2)中。

表16-2 种间关联数据记录表

调查时间		调查地点		调查人				
物种1		物种2		物种3				
样方级别/cm×cm	种对	项目						
		a	b	c	d	χ^2		
12.5×12.5	1×2							
	2×3							
	1×3							
12.5×25	1×2							
	2×3							
	1×3							
25×25	1×2							
	2×3							
	1×3							
25×50	1×2							
	2×3							
	1×3							

（续表）

调查时间			调查地点		调查人	
物种1			物种2		物种3	
样方级别/cm×cm	种对	项目				
		a	b	c	d	χ^2
50×50	1×2					
	2×3					
	1×3					
50×100	1×2					
	2×3					
	1×3					
100×100	1×2					
	2×3					
	1×3					

（4）由 $ad-bc$ 确定种对间的相关性质（正关联还是负关联）。

（5）绘出 χ^2 值随样方大小变化的波动曲线，分析种对间的最小关联面积。

（6）计算出来的 χ^2 与 $\chi^2_{0.05,\ 1}=3.84$ 和 $\chi^2_{0.01,\ 1}=6.64$ 比较，以判断种对关联的显著性。

2.注意事项

（1）由于种间关系会随时间和环境的变化而发生变化，在实验结果分析时，一定要结合观测时间、实地环境以及研究对象的生活史阶段综合分析。

（2）根据实验材料，选择适宜面积的系列样方框，尤其要确定合适的初始样方框的大小。

五、思考题与作业

（1）群落中种间关联与物种本身的优势度是否存在联系？是否可以通过种间关联分析群落中物种的优势程度？

（2）基于时间序列，设计实验，观测种间关系的变化。

六、参考与拓展文献

[1] 冯江，高玮，盛连喜.动物生态学[M].北京：科学出版社，2005.

[2] 付必谦，张峰，高瑞如.生态学实验原理与方法[M].北京：科学出版社，2006.

[3] 国庆喜，孙龙.生态学野外实习手册[M].北京：高等教育出版社，2010.

[4] 姜汉侨，段昌群，杨树华，等.植物生态学[M].2版.北京：高等教育出版社，2010.

[5] 李治霖，多立安，李晟，等.陆生食肉动物竞争与共存研究概述[J].生物多样性，2021，29(1)：81-97.

[6] 王琳，张金屯.历山山地草甸优势种的种间关联和相关分析[J].西北植物学报，2004，24(8)：1435-1440.

[7] 王友保.生态学野外实习指导[M].安徽：安徽师范大学出版社，2015.

[8] 徐满厚，刘敏，翟大彤，等.植物种间联结研究内容与方法评述[J].生态学报，2016，36(24)：8224-8233.

[9] 杨持.生态学[M].3版.北京：高等教育出版社，2014.

[10] 章家恩.普通生态学实验指导[M].北京：中国环境科学出版社，2012.

[11] 周刘丽，阎恩荣，张晴晴，等.浙江天童枫香树群落不同垂直层次物种间的联结性与相关性[J].植物生态学报，2015，39(12)：1136-1145.

‖ 实验十七 ‖
植物群落生活型谱分析

一、实验目的

在熟悉植物群落物种组成状况的基础上,理解植物生活型和群落生活型谱的概念和研究意义,掌握调查植物生活型和编制群落生活型谱的技术方法,了解本地区及其他气候区典型群落的生活型谱,认识植物生活型及群落生活型谱与气候因素的关联性。

二、实验原理

植物生活型(life form)是植物对于综合生境条件长期适应而在外貌上反映出来的植物类型,它主要是植物外貌的特征,如大小、形状、分枝和植物的生命周期长短等。一般把植物分为乔木、灌木、半灌木、木质藤本、多年生草本、垫状植物等生活型。在同一生活型中,常常包括了在分类系统上地位不同的种,因为不论各种植物在系统分类上的位置如何,只要它们对某一类环境具有相同(或相似)的适应方式和途径,并在外貌上具有相似特征,它们就都属于同一类生活型。同一生活型的物种,不但体态相似,而且其适应特点也是相似的。某一地区或某群落内各类生活型的数量对比关系称为生活型谱。气候相似区具有相似的生活型谱,因此,可以通过不同群落的生活型谱来研究在控制群落组成上发挥重要作用的气候因素特征。

植物由于不能自由活动以躲避不利环境(如低温、干旱等),因而分化出现了不同的生活型。植物的生活型又决定了群落的分层,生活型不同,植物在空中占据的高度以及在土壤中到达的深度就不同。植物生活型的研究工作较多,最著名的是丹麦生态学家Raunkiaer的生活型系统,他选择休眠芽在不良季节的着生位置和保护方式作为划分生活型的标准,把陆生植物划分为五类生活型。

（1）高位芽植物（phanerophytes，Ph.），休眠芽着生在空气中的枝条上，距地面25 cm以上。如乔木和高灌木、藤本和木质藤本、附生植物和高茎的肉质植物。又依据高度分为四大类：大高位芽植物（高度＞30 m），中高位芽植物（8~30 m），小高位芽植物（2~8 m）和矮高位芽植物（25 cm~2 m）。

（2）地上芽植物（chamaephytes，Ch.），更新芽位于土壤表面以上，25 cm以下，多半为灌木、半灌木和草本植物。

（3）地面芽植物（hemicryptophytes，H.），又称浅地下芽植物或半隐芽植物，更新芽位于近地面土层内，冬季地上部分全枯死，为多年生草本植物。如莲座状植物等。

（4）隐芽植物（cryptophytes，Cr.），又称地下芽植物，更新芽位于土壤表层以下或没于水中，多为鳞茎类、块茎类和根茎类多年生草本植物或水生植物。如具深根茎、球茎、块根的陆生植物、水面植物、浮生、根生于水底的挺水植物。

（5）一年生植物（therophytes，Th.）：一年生植物，用种子度过不利季节。

群落中各生活型百分率序列即为该群落的生活型谱。某一生活型百分率的计算公式为：

$$某一生活型的百分率（\%）= \frac{该生活型的植物种数}{该群落所有的植物种数} \times 100$$

在自然状况下，每一类植物群落都是由几种生活型的植物组成，但其中有一类生活型占优势。一般地，气候温暖湿润地区，高位芽植物在群落中占优势；严寒地区，地面芽植物占优势；环境较冷湿地区，地下芽植物占优势；而干旱地区，一年生植物占优势。我国自然环境复杂多样，不同气候区域典型群落的生活型谱组成各有特点（如表17-1）。热带雨林、南亚热带季风常绿阔叶林中，高位芽占优势，反映了群落所在区域夏季炎热多雨；暖温带落叶阔叶林中，高位芽植物占优势，地面芽植物次之，反映群落所在区域夏季炎热多雨，同时又有一个较长的严寒季节；寒温带针叶林中，地面芽植物占优势、地下芽植物次之、高位芽植物较次之，反映了当地夏季较短但冬季漫长。

表17-1　我国各地生活型谱（李博，2000）

群落（位置）	生活类型/%				
	Ph.	Ch.	H.	Cr.	Th.
热带雨林（海南岛）	96.88	0.77	0.42	0.98	0
南亚热带季风常绿阔叶林（福建和溪）	63.00	5.00	12.00	6.00	14.00

（续表）

群落(位置)	生活类型/%				
	Ph.	Ch.	H.	Cr.	Th.
暖温带落叶阔叶林(秦岭北坡)	52.00	5.00	38.00	3.70	1.30
寒温带针叶林(长白山)	25.40	4.40	39.60	26.40	3.20

三、实验用品

1.材料

典型植物群落。

2.器材

手持GPS、罗盘仪、皮尺、钢卷尺、测距仪、标本夹等。

四、实验内容

（1）调查群落生境,详细参考"实验十四 植物群落调查方法"。

（2）调查研究区域或群落内的全部植物,记录植物种名、高度、更新芽高度和生活力等指标。

（3）通过更新芽(休眠芽)的高度确定每种植物的生活型。

（4）统计群落中所有植物的物种数和每类生活型植物的物种数,然后统计每类生活型植物物种数占所有植物物种数的百分比,群落中各类植物生活型的百分比组成生活型谱,并填入表17-2中。

表17-2　群落生活型谱调查表

生活型	Ph.	Ch.	H.	Cr.	Th.	合计
种数/种						
比例/%						

（5）注意事项。

①在开展实验时,调查样地尽量选择当地典型的自然群落或较为成熟的次生林。

②可以针对不同的生境梯度(如海拔、坡向)设置对比样地,分析群落生活型谱与小气候之间的联系。

五、思考题与作业

(1)植物越冬芽离地位置的高低、越冬方式的不同反映出植物哪些特征？

(2)查阅文献资料，了解我国主要森林群落生活型谱的数量分类及空间分布情况，试分析群落生活型谱与气候类型之间的联系。

六、参考与拓展文献

[1] 蔡永立，宋永昌.藤本植物生活型系统的修订及中国亚热带东部藤本植物的生活型分析[J].生态学报，2000，20(5)：808-814.

[2] 高贤明，陈灵芝.植物生活型分类系统的修订及中国暖温带森林植物生活型谱分析[J].植物学报，1998，40(6)：553-559.

[3] 国庆喜，孙龙.生态学野外实习手册[M].北京：高等教育出版社，2010.

[4] 郭泉水，江洪，王兵，等.中国主要森林群落植物生活型谱的数量分类及空间分布格局的研究[J].生态学报，1999，19(4)：573-577.

[5] 姜汉侨，段昌群，杨树华，等.植物生态学[M].2版.北京：高等教育出版社，2010.

[6] 李博，杨持，林鹏.生态学[M].北京：高等教育出版社，2000.

[7] 李家湘，熊高明，徐文婷，等.中国亚热带灌丛植物生活型组成及其与水热因子的相关性[J].植物生态学报，2017，41(1)：147-156.

[8] 刘守江，苏智先，张璟霞，等.陆地植物群落生活型研究进展[J].四川师范学院学报(自然科学版)，2003，24(2)：155-159.

[9] 孙振钧，周东兴.生态学研究方法[M].北京：科学出版社，2010.

[10] 王国宏，方精云，郭柯，等.《中国植被志》研编的内容与规范[J].植物生态学报，2020，44(2)：128-178.

[11] 杨持.生态学[M].3版.北京：高等教育出版社，2014.

[12] 杨允菲，祝廷成.植物生态学[M].2版.北京：高等教育出版社，2011.

‖ 实验十八 ‖
植物群落演替实验

一、实验目的

探究和理解植物群落演替的主要驱动因子、过程和生态意义,掌握调查植物群落演替的技术方法,学会划分植物群落演替的阶段和分析群落的时空结构和功能特征,了解本地典型天然群落和人工群落的演替动态、物种组成及群落结构。

二、实验原理

生物群落随着时间的推移,一些物种消失,另一些物种侵入,出现了生物群落及其环境向着一定方向有序发展的变化过程,称为生物群落演替(community succession)。群落演替是群落动态最重要的表现形式。一般而言,一个先锋植物群落在裸地上形成后,不久演替便发生,一个群落接着一个群落相继地、不断地被另一个群落所代替,直至顶级群落,这一系列的演替过程就是一个演替系列。

群落演替过程一般可划分为3个阶段:① 侵入定居阶段。一些物种侵入裸地定居成功并改良了环境,为后来入侵的同类或异类物种创造了有利条件。此阶段演替较快,群落结构简单,只有一层,地面还有裸地。② 竞争平衡阶段。通过种内或种间竞争,优势物种定居并繁殖后代,劣势物种被排斥。相互竞争过程中共存下来的物种,在利用资源上达到相对平衡。此阶段环境调节逐渐稳定,演替逐渐缓慢。③ 相对稳定阶段。物种通过竞争、协同进化、生态位分化等,使对资源的利用更为充分有效,群落结构更为复杂、更加完善,有比较固定的物种组成和数量比。此阶段演替速度更加缓慢,形成了契合于当地气候环境的顶级群落。

群落演替属于时空耦合问题,演替不仅与群落所在区域的生态环境密切相关,而且也与演替发生时间的长短有关。因此,在进行群落演替研究时,必须考虑空间因素和时间因素的共同作用和影响。理论上讲,任何群落都会向着特定地区的顶级群落发展。在植物群落演替过程中,其种类组成和时空结构等都会发生一系列变化。同时,演替过程一般非常缓慢,不易在短时间内观察到。因此,植物群落动态研究一般采用两种方法:一是对同一样地的长期定位观察;二是"空间代替时间",即以空间系列来代替时间系列的方法来研究。观测不同演替时间群落(长期定位)和不同地点群落(空间代替时间)的物种组成、空间结构、生活型谱及物种多样性等指标,来确定调查群落所属的群落类型和所处的演替阶段,并排列和推测某地可能的群落演替的大致过程、顶极群落及特征。

三、实验用品

1.材料

长期定位观测群落、撂荒群落、退耕还林群落等。

2.器材

测绳、皮尺、钢卷尺、测高器、测距仪、罗盘仪、手持GPS、植物标本夹、剪刀、铁锹、铲刀等。

四、实验内容

1.长期定位观测群落演替实验

依托已建立的长期定位观测站(样地),开展群落演替的长期调查研究。长期定位观测站(样地),如西南大学联合中国林科院、重庆缙云山国家级自然保护区管理局在重庆缙云山建立的亚热带常绿阔叶林群落演替观测站,西南大学联合中国环科院、赤水桫椤国家级自然保护区管理局在贵州赤水建立的中亚热带常绿阔叶林生物多样性定位观测样地,西南大学联合重庆缙云山国家级自然保护区管理局在重庆缙云山建立的重庆缙云山风灾迹地演替观测样地等。

为了满足实验教学和实践的需要,在实验基地提前预留一块荒地(面积约为1000 m²,有条件的可增大面积),作为标准样地,进行次生演替观测,对撂荒演替的群落每年调查一次。

参考"实验十四 植物群落调查方法"、"实验十五 植物群落种类组成和数量特征"、"实验十七 植物群落生活型谱分析"和"实验十九 植物群落物种多样性分析"的研究方法观测某一演替阶段植物群落的种类组成、群落结构、生活型谱、物种多样性和群落生境等内容。

2."空间代替时间"群落演替实验

如果所在地区缺乏长期的植物群落演替定位观测站(样地),同时由于人为破坏,很难找到原有的或天然的、完整的植物群落演替序列,如果在研究区域相似的环境中能够找到不同发育(年龄)阶段的植物群落,则可以用这些植物群落分别代表该类群落演替进程中相应的时间序列,即通过相似生境的不同发育阶段的植物群落类型来间接地代替群落演替的时间进程。如重庆缙云山常绿阔叶林群落演替序列中的针叶林(针叶乔木占优势、无更新,有少量阔叶更新幼苗),针阔混交林(针、阔叶树种混交,针叶树种无更新幼苗,阔叶树种更新幼苗及幼树较多),阔叶林(栲树林或四川山矾林优势群落,零星针叶林)等群落阶段。

"空间代替时间"群落演替的具体实验方法与步骤如下:

选取一个研究区域,尽量在相似的地貌区域,分别选取不同年限的退耕还林地,以及相对未经破坏的原生林地(近似于顶级群落),设置相关的观测样地。或者选取不同年限撂荒发生自行次生演替的农田或次生林地斑块,并设置相关的观测样地。或者选择生境临近且相似的研究区域,按照演替序列类型选择不同植物群落进行对比调查分析。

在设置的一系列植物群落演替样地中,按照样地法或无样地法进行种类组成、群落结构、生活型谱、物种多样性和群落生境等相关内容的调查。

3.数据统计与分析

对实验观测数据进行相应的整理统计,长期定位观测群落演替实验对比历史调查资料、"空间代替时间"群落演替实验对比不同样地(群落)资料,分析植物群落在种类组成、群落结构、生活型谱、物种多样性和群落生境等方面的差异,并粗略地划分某一植物群落的演替阶段。

4.注意事项

(1)在预留演替样地进行次生演替观测时,如有条件可以分别预留隔离样地和林缘样地,增加样地多样性。

（2）当采用"空间代替时间"群落演替的实验方法时，一定要充分调查样地的历史信息，同时也要向学生讲明相关情况或问题，包括使用这种方法的局限性。

（3）在长期观测样地或天然样地进行调查时，要注意研究与保护并重，采取适宜的研究方法，既要保证研究工作的质量，又要做好生物多样性和动植物生境的保护。

五、思考题与作业

（1）能否直观地观测到植物群落较为完整的自然演替过程？请设计实验方案。

（2）较多人工恢复群落尤其纯林群落，演替方向及生态效果往往不甚理想，请查阅资料分析人工恢复对植物群落演替的利弊，并归纳驱动植物群落演替的主导因子。

六、参考与拓展文献

[1] 崔鹏，邓文洪.鸟类群落研究进展[J].动物学杂志，2007，42(4)：149-158.

[2] 中国科学院生物多样性委员会.生物多样性与人类未来：第二届全国生物多样性保护与持续利用研讨会论文集[C].北京：中国林业出版社，1998.

[3] 高贤明，黄建辉.秦岭太白山弃耕地植物群落演替的生态学研究[J].生态学报，1997，17(6)：619-625.

[4] 姜汉侨，段昌群，杨树华，等.植物生态学[M].2版.北京：高等教育出版社，2010.

[5] 彭少麟.植物群落演替研究[J].生态科学，1994，(2)：117-119.

[6] 任海.植物群落的演替理论[J].生态科学，2001，4(20)：59-67.

[7] 王国宏，方精云，郭柯，等.《中国植被志》研编的内容与规范[J].植物生态学报，2020，44(2)：128-178.

[8] 王文林，唐晓燕，胡孟春，等.人工重建的水生植物群落演替动态研究[J].长江流域资源与环境，2009，18(9)：802-806.

[9] 王友保.生态学野外实习指导[M].安徽：安徽师范大学出版社，2015.

[10] 文丽，宋同清，杜虎，等.中国西南喀斯特植物群落演替特征及驱动机制[J].生态学报，2015，35(17)：5822-5833.

[11] 杨持.生态学[M].3版.北京：高等教育出版社，2014.

[12] 杨允菲，祝廷成.植物生态学[M].2版.北京：高等教育出版社，2011.

[13] 章家恩.普通生态学实验指导[M].北京:中国环境科学出版社,2012.

[14] 周长发,吕琳娜,屈彦福,等.基础生态学实验指导[M].北京:科学出版社,2017.

[15] 张家城,陈力.亚热带多优势种森林群落演替现状评判研究[J].林业科学,2000,36(2):116-121.

‖ 实验十九 ‖
植物群落物种多样性分析

一、实验目的

理解生物多样性的分类和内涵,理解物种多样性的概念及其研究意义,掌握物种多样性的调查方法和各类参数指标的计算方法,了解常见典型群落的物种多样性状况及其影响因素,认识物种多样性在生物多样性保护中的重要作用。

二、实验原理

生物多样性(biodiversity)是指生物的多样化和变异性以及物种生境的生态复杂性,它包括植物、动物和微生物的所有种及其组成的群落与生态系统。生物多样性一般分为遗传多样性、物种多样性、生态系统多样性和景观多样性等四个层次。遗传多样性是指地球上生物个体中所包含的遗传信息总和,物种多样性是指地球上生物有机体的多样化,生态系统多样性涉及的是生物圈中生物群落、生境与生态过程的多样化,景观多样性指的是由不同类型景观要素或生态系统构成的空间结构、功能机制和时间动态方面的多样化或变异性。从群落特征角度来看,生物多样性主要涉及物种多样性,物种多样性可以反映出群落的结构特征和复杂程度,可以判断群落演替方向及稳定程度,是比较不同群落、不同生境的多样性指标。

物种多样性包括两种含义:①种的数目或丰富度(species richness),指的是某一群落或生境中所含有的物种数目的多寡。在统计种的数目时,需要说明多大面积,以便比较。在多层次的森林群落中还必须说明层次和径级,否则无法比较。②种的均匀度(species evenness),指一个群落或生境中全部物种个体数目的分配状况,它反映的是各物种个体数目分配的均匀程度。群落所含的种数越多,群落的多样性就越大;同时,群落中各个种的相对密度越均匀,群落的异质性程度就越大,群落的多样性就越高。

1.α 多样性指数

(1)物种丰富度。

物种丰富度即物种的数目,是指一个群落或生境中物种数目的多少。如果研究地区或样地面积在时间和空间上是确定的或可控制的,则物种丰富度会提供很有用的信息,否则物种丰富度几乎是没有意义的,因为物种丰富度与样地大小有关。为了解决这个问题,一般采用两种方式:第一,用单位面积的物种数目即物种密度来测度物种的丰富程度,这种方法多用于植物多样性研究,一般用每平方米的物种数目表示;第二,用一定数量的个体或生物量中的物种数目表示,即数量丰度这种方法,多用于水生物种多样性的研究。

① Gleason 物种丰富度指数:

$$D = \frac{S}{\ln A}$$

式中:D 为 Gleason 物种丰富度指数;A 为调查总面积;S 为群落中的物种总数目。

Gleason 物种丰富度指数是最简单、最古老的物种多样性测定方法,至今仍为许多研究者使用。它可以表明一定面积生境内生物种类的数目。

② Margalef 物种丰富度指数:

$$D = \frac{S - 1}{\ln N}$$

式中:N 为群落中所有物种的个体总数;$\ln$ 为自然对数;S 为群落中的物种总数目。

(2)Simpson 多样性指数。

它是基于在一个无限大的群落中,随机抽取两个个体,它们属于同一物种的概率是多少这样的假设而推导出来的,以公式表示为:

$$D = 1 - \sum P_i^2$$

$$P_i = \frac{N_i}{N}$$

式中:N_i 为某一物种的个体总数;P_i 是种 i 的个体总数占群落中所有物种个体总数的比例。

植物尤其草本植物数目多,且禾本科植物多为丛生,计数很困难,可以采用每个物种的重要值来代替每个物种个体数,故 P_i 可以为种 i 的重要值占群落中所有物种重要值之和的比例。

Simpson 多样性指数的最低值为 0,最高值为 $(1 - \frac{1}{S})$。前一种情况出现在全部个体均属于一个种时,后一种情况出现在每个个体分别属于不同种的时候。

(3)Shannon-Weiner 多样性指数。

Shannon-Weiner 多样性指数是用来描述物种个体出现的紊乱和不确定性的,提出了信息不确定性的测度公式。如果在群落中随机抽取一个个体,它将属于哪个种是不确定的,而且物种数越多,其不确定性越大。不确定性越大,多样性就越高。其计算公式为:

$$H = -\sum P_i \ln P_i$$

式中:H 为群落的物种多样性指数;对数的底可取 2、e 或 10,但单位不同,分别为 nit、bit 和 dit。

当群落中有 S 个物种,每一物种恰好只有一个个体时,$P_i = \frac{1}{S}$,H 值达到最大,即:

$$H_{\max} = -\sum \frac{1}{S} \ln \frac{1}{S} = -\ln \frac{1}{S}$$

当群落中全部个体为一个物种时,多样性最小,$P_i = \frac{S}{S}$,H 值达到最小,即:

$$H_{\min} = \frac{-S}{S} \ln \frac{1}{S} = -\ln 1 = 0$$

Shannon-Weiner 多样性指数的意义在于物种间数量分布均匀时,多样性最高。两个个体数量分布均匀的群落,物种数越多,多样性越高。

(4)Pielou 均匀度指数。

群落均匀度 J 定义为群落的实测多样性指数(H)与最大多样性指数($H_{\max}$)之比,计算公式为:

$$J = \frac{H}{H_{\max}} = \frac{-\sum P_i \ln P_i}{\ln S}$$

式中:J 为 Pielou 均匀度指数。

2.β 多样性指数

β 多样性定义为沿着环境梯度变化的物种替代的程度,即研究区域内物种组成沿着某个梯度方向从一个群落到另一个群落的变化率。控制 β 多样性的主要生态因子有土壤、地貌及干扰等。不同群落或某环境梯度上不同点之间的共有种越少,β 多样性越大。精确地测定β多样性具有重要的意义在于:①可以指示生境被物种隔离的程度;②可以用来比较不同地段的生境多样性;③β多样性与α多样性一起构成了总体多样性或一定地段的生物异质性。

(1)Whittaker指数。

$$\beta_w = \frac{S}{m_a} - 1$$

式中:β_w为Whittaker指数;S为群落中的物种总数目;m_a为各样地(或群落)中的平均物种数。

(2)Cody指数。

$$\beta_c = \frac{g(H) + l(H)}{2}$$

式中:β_c为Cody指数;$g(H)$为沿生境梯度H增加的物种数目;$l(H)$为沿生境梯度H失去的物种数目,即在下一个梯度中没有,而在上一个梯度中存在的物种数。

三、实验用品

1.材料

沿环境梯度变化的典型植物群落2~3个。

2.器材

手持GPS、罗盘仪、钢卷尺、皮尺、植物标本夹、枝剪等。

四、实验内容

(1)设4~5人为一组,在全面踏查的基础上,选取有代表性的样地,样地形状以正方形为宜,也可以根据具体生境设置样带,样地大小应该能够反映集合群落的物种组成和结构特点。调查并记录样地生境状况,详细参考"实验十四 植物群落调查方法"。

(2)分群落类型设置样地:森林样地可设面积为20 m×20 m~50 m×50 m的样地若干个,以总面积≥1 hm²(100 m×100 m)为宜。灌丛样地一般不少于4个10 m×10 m的样地;对于大型或稀疏灌丛,样地面积扩大到20 m×20 m或更大,数目不减。草地样地一般不少于5个1 m×1 m的样地,样地之间的间隔不小于250 m;若草地群落呈斑块状分布、稀疏分布或为高大草本,样地可设2 m×2 m,数目不变。样地大小可据群落类型和生境状况做相应调整。

（3）乔木层植物每木检测，主要调查植物的种名、高度、胸径和冠幅等指标，具体参考表14-3。灌木层植物按种类调查，主要调查植物的种名、平均高度、株丛数和盖度等指标，具体参考表14-4。草本植物按种类调查，主要调查植物的种名、平均高度、株丛数和盖度等指标，具体参考表14-5。层间植物调查参考表14-6。

五、思考题与作业

（1）整理实验数据，统计分析实验群落的α多样性指数和β多样性指数，并对比分析二者的生态意义。

（2）查阅资料或实地调查，试比较分析某地区阔叶林、针叶林或针阔混交林等不同群落物种多样性的差异，并探究导致群落物种多样性差异的原因。

六、参考与拓展文献

[1] 方精云，王襄平，沈泽昊，等．植物群落清查的主要内容、方法和技术规范[J]．生物多样性，2009，17（6）：533-548．

[2] 付必谦，张峰，高瑞如．生态学实验原理与方法[M]．北京：科学出版社，2006．

[3] 付荣恕，刘林德．生态学实验教程[M]．2版．北京：科学出版社，2010．

[4] 贺金生，陈伟烈．陆地植物群落物种多样性的梯度变化特征[J]．生态学报，1997，17（1）：91-99．

[5] 中华人民共和国环境保护部．生物多样性观测技术导则　陆生维管植物：HJ 710.1—2014[S]．北京：中国环境科学出版社，2014．

[6] 姜汉侨，段昌群，杨树华，等．植物生态学[M]．2版．北京：高等教育出版社，2010．

[7] 李成，谢锋，车静，等．中国关键地区两栖爬行动物多样性监测与研究[J]．生物多样性，2017，25（3）：246-254．

[8] 李果，李俊生，关潇，等．生物多样性监测技术手册[M]．北京：中国环境出版社，2014．

[9] 尚文艳，吴钢，付晓，等．陆地植物群落物种多样性维持机制[J]．应用生态

学报，2005，16(3):573-577.

[10] 孙振钧，周东兴.生态学研究方法[M].北京：科学出版社，2010.

[11] 王永健，陶建平，彭月.陆地植物群落物种多样性研究进展[J].广西植物，2006，26(4):406-411.

[12] 杨持.生态学[M].3版.北京：高等教育出版社，2014.

[13] 张金屯.数量生态学[M].2版.北京：科学出版社，2011.

‖ 实验二十 ‖
植物群落生物量和生产力

一、实验目的

理解植物群落生物量和生产力的测定原理和生态意义,厘清生物量和生产力之间的联系和区别,掌握植物群落生物量和生产力的基本测定技术与方法,了解生物量和生产力大小是群落性质和状态的重要指示特征,并进一步认识植物群落生物量、生产力空间格局的状况和作用。

二、实验原理

生物量(biomass)是指一定时间、一定空间内实存生活的某种或几种生物有机体的总重量,或者一个群落内所有生物有机体的总重量,前者是种的生物量,后者是群落的生物量。生物量可分鲜重和干重,通常用kg/m^2或t/hm^2表示。生物量实质上是绿色植物在单位面积上通过同化器官进行光合作用积累的有机质和能量。生物量的研究途径有三条:①通过光合作用研究;②通过呼吸作用产生的CO_2研究;③通过对生物体现存量进行研究,即直接收获法,对陆地群落来言,这种方法最可行。

生物量是生态系统循环的能量基础和物质来源,以单位面积或时间积累的干物质或能量来表示,也是研究生态系统结构和功能的重要指标。常用的生物量调查方法有抽样估计和遥感估测等方法,主要采用机械抽样、分层抽样和随机抽样等方法进行地面样地布设。其中,采用遥感估测生物量可以有效地减少外业调查工作量,随着遥感数据源的丰富,遥感估测成为一种快捷方法,但因精度和不确定性的限制,需要地面抽样布设样地校准,因此采用地面机械抽样是推算不同尺度生物量的必不可少的重要手段。研究植物群落生物量的方法主要有3种:①直接收获法;②采用标准样地或样地全收获法;③采用数学模拟法建立生物量与植物形态参数的相关方程推算。在收获法中,样地大小、形状和数量在一定程度上影响估算结果的精度。影响生物量测算精度的因素除了样地设置外,还有调查方法和生物量模型等方面。

植物的生产力,即第一性生产力,亦称初级生产力,是绿色植物在单位面积和单位时间内通过光合作用所固定的能量或生产的有机物质数量,以 $g/(m^2 \cdot a)$ 或 $cal/(m^2 \cdot a)$ 表示。

生物量与生产力是不同的概念。某一特定时刻的生物量是一种现存量,生产力则是某一时间内由活的生物体新生产出的有机物质总量。t 时刻的生物量比 $t-1$ 时刻生物量的增加量(△生物量),必须加上该时间中的损失减少量(如凋落物量、动物捕食量等)才等于生产力,即生产力=△生物量+减少量。因此,生物量的测定是生产力测定的基础。

植物的生物量和生产力的大小直接反映了植物对光、温、水、土等自然资源的利用效率,与其所处的地理位置以及群落组成与结构密切相关。植物的生物量和生产力是生物群落结构优劣和功能高低的最直接的表现,是生物的生长发育、生物群落演替和生态环境改善的物质基础,对生态系统稳定性、次级生产力的形成、生物多样性的维持等都具有极其重要的意义。

三、实验用品

1.材料

结构完整、较为成熟的天然林或次生天然林。

2.器材

镰刀、枝剪、锯、斧、铁锹、土铲、测杆、皮尺、钢卷尺、软尺、软毛刷、细筛、细纱布、放大镜、测高器、测距仪、天平(0.01 g)、电子台秤、样品袋、塑料盘、塑料布、干燥箱等。

四、实验内容

1.草本植物生物量和生产力

(1)草本植物生物量的观测。

草本植物的生物量由地上生物量(绿色量、立枯量、凋落物量)和地下生物量构成。草本植物生物量的测定是把一定样方内全部植物收割称重,称收割法。

①绿色量与立枯量的观测。

选择草本植物典型样地,大小为1m²。设置5个重复样地,逐个按种类进行群落数量特征的调查。调查完毕后,用剪刀将样地内的所有植物齐地面剪下,将剪下的样品,按样地集中编号并装袋。样品带回室内后,迅速剔除前几年的枯草,按种类将绿色部分和立枯部分分开,分别称其鲜重,放入纸袋中,85 ℃烘干至恒重并称重。调查及称重数据填入表20-1中。

表20-1　草本群落地上生物量记录表

样地号:		样地面积/m²:		群落名称:			群落盖度/%:						
调查时间:		调查人:		凋落物总量(干重)/g:									
编号	植物名	平均高/cm		盖度/%	密度/株·m⁻²	多度	物候期	鲜重/g			干重/g		
		生殖枝	营养枝					绿色	立枯	合计	绿色	立枯	合计

②凋落物的观测。

在第一次测定地上生物量的剪草样地中,将第一期(以前)的凋落物捡起。在以后各期的样地内,仅收集前一期至本期时间内的凋落物。将收集到的凋落物按样地分别装袋,编号并带回实验室。在实验室内,将凋落物用软毛刷清除黏附着的细土粒和污物,然后85 ℃烘干至恒重并称重,即得当期凋落物的干重,称重数据记入表20-1中。凋落物通常只计其总量即可。

③地下生物量的观测。

地下生物量是指地下某一时刻单位面积内实存生活的根系的总量。地下生物量的测定应与地上生物量同步进行。样地面积以0.25 m²(50 cm×50 cm)为宜,取样深度以根系分布的深度为准,但不能小于50 cm。设置5个重复样地。

A.根系的取样。在地上生物量取样样地内设置样地。先将样地土壤表面的残落物和杂质清除干净,然后按0~10 cm、10~20 cm、20~30 cm、30~40 cm、40~50 cm等层次取样。根系样品按层分装在样品袋中,并编上样地号和土层号,带回实验室。

B.根系的冲洗。冲洗根系前,先用细筛将微细土粒筛去,并捡去石块和杂物,再用水冲洗根系。反复冲洗过筛,最后以流水冲洗漂净。如果冲洗后的根系上还有细土粒附着,则应将根裹在细纱布内,一边轻揉一边冲洗,直到冲净为止。

C.活根与死根的挑选与分离。首先将洗好的根系中的半腐解枝叶、种子和虫卵等杂物去掉,再将活根与死根分开。区分活根与死根的主要依据是根表面和根断面颜色,需要肉眼并借助放大镜进行。如果不易分清,可将洗好的根放在适宜的器皿中,加水轻搅动,浮在上面的是死根,活根比重大会沉在水下面。

D.称量鲜重。挑选好活根和死根,用吸水纸吸取水分,稍晾片刻,即称鲜重。

E. 称量干重并计算生物量。鲜重称量后将根放入纸袋内,85 ℃烘干至恒重并称重,填入表20-2中,最后换算成1 m²内含有的根量(g/m²)。

表20-2　草本群落地下生物量记录表

样地号:		样地面积:		群落名称:	
调查人:		调查时间:			
土层/cm	鲜重/g		烘干重/g		
	活根	死根	活根	死根	
0~10					
10~20					
20~30					
30~40					
40~50					
...					
全剖面					

(2)草本植物生产力的观测。

采用收获法测定草本植物的生产力。每期草地的绿色量、立枯量和凋落物量相加即得当期的地上生物量。将每次测定的地下生物量和地上生物量相加即为总的生物量 B(g/m²)。

年净生产量的估算方法是将全年各次测定的正增长生物量相累加,便得到了整个群落的年净生产量(NP),g/(m²·a):

$$NP = \sum_{i=1}^{n}(B_{i+1} - B_i)$$

式中：NP——群落的年净生产量；B_{i+1}——年内第$i+1$次测定的生物量；B_i——年内第i次测定的生物量；n——年内测定次数。

2.灌木生物量与生产力

（1）灌木生物量的观测。

采用直接收获样地内全部灌木的方法测定灌木生物量。选择灌木群落的代表性样地，设置5 m×5 m的样地，测定灌木群落的生物量。统计灌木种类组成及相应特征；地面分别收获样地中各种灌木的枝和叶，并分主枝、侧枝和叶分别称鲜重；挖出样地内地下的全部根系，并同时称鲜重。取适量的主枝、侧枝、叶和根的样品，85 ℃烘干至恒重并称重，分别求出各部分的"干/鲜重"比值，再计算出主枝、侧枝、叶和根的干重。灌木群落主枝、侧枝、叶和根的干重之和即为该样地灌木的生物量；重复5个样地，求其平均值，即代表该类灌木的生物量。

（2）灌木生产力的观测。

测定方法和步骤详见草本植物生产力的观测。

3.乔木生物量和生产力

（1）乔木生物量的观测。

标准木法，即在所选择的样地内，根据立木的径级或高度分布选择并砍伐一定数量的标准木，测定标准木各部分器官的干物质重，用单位面积上的立本株数乘以标准木的总干重或各部分器官的干重（并对各部分求和），便可得单位面积上该林木此刻的生物量。具体步骤如下：

①标准样地设置与调查。

标准样地要设立在能代表研究森林类型，而且林相相同，地形变化尽可能一致的地段。标准样地通常是正方形或长方形，其一边长度至少要大于该森林最高树木的树高。一般情况下，在亚热带地区，针叶林或针阔混交林取20 m×20 m的面积，常绿阔叶林取30 m×30 m的面积。标准样地设立后要对样地进行调查记录，包括森林的层次结构、郁闭度、林下植物的优势种类及生长状况等，并对样地内全部乔木逐一编号，每木测定并记录其种名、胸径和高度等指标。

②标准木选择和调查。

标准木要选择没有发生折干或分叉的正常树木,选择胸径在平均值附近的几株立木作为平均标准木;或根据不同立木所占的比例来确定不同径级的立木株数,分别选为径级标准木。将被选的标准木伐倒后,每隔2 m锯开(但第一段为1.3 m),若树木较高大,区分段可增加至4 m,甚至8 m。分别测定各区分段的树干、树枝、树皮、树叶的鲜重,并取其各部分的部分样品,装入袋中带回实验室,85 ℃烘干至恒重后称重。计算鲜样品的含水率,然后依据鲜重求出各器官、各部分的干重。

根据标准木的大小来估计所需挖根面积和土壤深度。标准木伐倒后,围绕树的基部挖面积1 m²、深0.5 m范围内的根系(挖坑深度取决于根的分布深度),分别将根茎、粗根(2 cm以上)、中根(1~2 cm)、小根(0.2~1 cm)、细根(0.2 cm以下)挖出,并称其鲜重,分别取各类根系的部分样品带回室内。将带回的样品分类装入纸袋中,85 ℃烘干至恒重并称重,计算各样品的含水率,然后依据鲜重求出各器官、各部分的干重。

③数据整理。

用标准木生物量(干重)的平均值乘单位面积上立木株数,求出单位面积上的乔木生物量,即:

$$B = \frac{N \times \Delta W}{S}$$

式中:B——单位面积乔木生物量;N——被测样地的立木株数;ΔW——标准木生物量的平均值;S——被测样地面积。

(2)乔木生产力的观测。

①树干、树皮年生长量的观测。

树干的生长量通过树干解析法测定:从伐倒木的各个高度截取圆盘,在非工作面上记载解析样木的编号和工作面的高度,并整理出年轮的易读状态。用铅笔通过髓心的最大直径和同样通过髓心并与之垂直的直线画出来,沿着这个方向的直线从树干外侧在5年前、10年前、15年前……的年轮上用铅笔做上记号,同时读出全部年轮数。所定年龄间隔可以根据实际情况适当伸缩。当年轮非常密集时可用放大镜帮助。把精密的尺子紧贴靠各个直线上,读出髓心到树皮外缘的长度、到去皮后木质部边缘长度、5年前、10年前……年轮的长度。4个方向测定结果的平均值为各龄阶的平均半径。根据这些结果绘制树干解析图,并计算各区分段的材积:

$$V = \frac{S_1 + S_2}{2} L$$

式中:V——材积;S_1、S_2——分别是上下界面的面积;L——分段长度。

梢头部分的材积近似于圆锥体,如假设其基部断面积为 S,高为 L,则可用以下公式来计算:

$$V = \frac{S}{3} L$$

如果将各时期各高度的材积加以合计,就可以求出单株的带皮材积、去皮材积、5年前材积、10年前材积……要把材积换算成干重时,需从树干不同部分截取试材,测定容积重,即可求出干物质量。设最近一年树干的生长量为 ΔW_r,现在的重量是 W_r,t 年前的重量为 W_r',如果此间是呈线性增长,则 ΔW_r 可用下式计算:

$$\Delta W_r = \frac{W_r - W_r'}{t}$$

若树木不是正处于旺盛生长期,而是呈指数生长时期,则用下式来计算:

$$\Delta W_r = W_r(1 - e^r)$$

式中:$r = \frac{1}{t} \ln \frac{W_r}{W_r'}$。

至于采用哪个公式才更接近实际,这要根据观测期间该树的材积生长曲线来判断。

树皮的生长量通常是假定与木材具有相同的生长率。根据单株生长量,用标准木法,换算成单位土地面积一年内树干的生产量,即树干生产力。

②枝生产量的观测。

老枝增粗的生产量:选取样枝,用和树干完全相同的解析方法,求出一年间的增长量,计算出增长率,用以推测全株,进而推测全样地的枝生产量。老枝增粗的生产量,与当年新生枝条的生产量合计,即为一年的生产量。

③叶生产量的观测。

落叶树种和当年生枝明显的常绿树种,当年生叶可以近似代表叶的生产量,可结合伐倒木采样测定。

4.数据统计与结果分析

整理植物群落中草本植物、灌木、乔木等生物量和生产力的测定数据,按照下列公式,计算整个群落的总生物量和总生产力:

植物群落的生物量=乔木的生物量+灌木的生物量+草本植物的生物量

植物群落的生产力=乔木的生产力+灌木的生产力+草本植物的生产力

5.注意事项

(1)植物群落生物量和生产力的测定项目较多,工作量比较大,实验开展以前一定要做好准备工作,包括实验器材和预备实验。

(2)在选择乔木标准木时,要防止选用林缘或交错区树木,避免造成叶量、枝量的偏大或选择的林木不具代表性。

(3)数年轮时要注意核查四个方向上的年轮是否在同一环上,以排除假年轮的干扰。

五、思考题与作业

(1)选择人为破坏较小且结构相对完整的植物群落,根据乔木层、灌木层和草本层的具体结构和特点,设计生物量和生产力测定的实验方案。

(2)查阅文献资料,总结归纳影响植物群落生物量和生产力的主要因素,并举例说明。

六、参考与拓展文献

[1] 冯仲科,刘永霞.森林生物量测定精度分析[J].北京林业大学学报,2005,(S2):108-111.

[2] 冯宗炜.中国森林生态系统的生物量和生产力[M].北京:科学出版社,1999.

[3] 付必谦,张峰,高瑞如.生态学实验原理与方法[M].北京:科学出版社,2006.

[4] 高婷,张金屯.北京西部山区胡枝子种群研究:个体和构件生物量[J].植物学通报,2007,24(5):581-589.

[5] 刘世荣,张笑鹤,张远东,等.基于年轮分析的不同恢复途径下森林乔木层生物量和蓄积量的动态变化[J].植物生态学报,2012,36(2):117-125.

[6] 欧光龙,胥辉.森林生物量模型研究综述[J].西南林业大学学报(自然科学版),2020,40(1):1-10.

[7] 孙振钧，周东兴.生态学研究方法[M].北京：科学出版社，2010.

[8] 吴恒，胥辉.抽样技术在森林生物量调查中的应用综述[J].西南林业大学学报（自然科学版），2021，41（3）：183-188.

[9] 杨持.生态学[M].3版.北京：高等教育出版社，2014.

[10] 杨昆，管东生.森林林下植被生物量收获的样方选择和模型[J].生态学报，2007，27（2）：705-714.

[11] 章家恩.普通生态学实验指导[M].北京：中国环境科学出版社，2012.

[12] 曾立雄，王鹏程，肖文发，等.三峡库区植被生物量和生产力的估算及分布格局[J].生态学报，2008，28（8）：3808-3816.

[13] 周长发，吕琳娜，屈彦福，等.基础生态学实验指导[M].北京：科学出版社，2017.

‖ 实验二十一 ‖
水生生态系统初级生产力

一、实验目的

理解水体初级生产力的测定原理和生态意义,掌握水体初级生产力的测定方法,了解水体初级生产力在垂直方向和水平方向上的分布规律,并学会利用水体的初级生产力评价水生生态系统的优劣。

二、实验原理

水体的初级生产过程主要是植物的光合作用过程。光合作用过程是吸收 CO_2 和释放 O_2,呼吸作用则是吸收 O_2 和释放 CO_2。因此,测定水体中 O_2 和 CO_2 含量的变化,是研究水体的生产过程和呼吸过程的主要手段。由于光合作用释放氧的总量与生产有机物质的总量成正比,所以总光合量能代表总生产量,净光合量能代表净生产量。可通过多种手段测定和分析初级生产力的水平及结构特征,主要测定方法有浮游植物生物量法、"黑白瓶"氧气测定法、叶绿素测定法、放射性同位素测定法及pH值测定法等,应用较广泛的有浮游植物生物量法、"黑白瓶"氧气测定法和叶绿素测定法。

水体初级生产力是评价水体富营养化水平的主要指标。水体初级生产力测定——"黑白瓶"氧气测定法,是根据水中藻类和其他具有光合作用能力的水生生物,利用光能合成有机物,同时释放氧的生物化学原理,测定初级生产力的方法。该方法反映的指标是每平方米垂直水柱的日平均生产力 $[g(O_2)/(m^2 \cdot d)]$。"黑白瓶"氧气测定法适用于湖泊、水库、池塘等静水水体以及水体流速小于0.1 m/s河流水域初级生产力的测定。

1. 各水层日生产力 $[mg(O_2)/(m^2 \cdot d)]$

总生产力 = 白瓶溶解氧 − 黑瓶溶解氧

$$净生产力 = 白瓶溶解氧 - 初始瓶溶解氧$$

$$呼吸作用量 = 初始瓶溶解氧 - 黑瓶溶解氧$$

2.每平方米水柱日生产力[g(O₂)/(m²·d)]

每平方米水柱日生产力是指面积为 $1\ m^2$ 从水表面到水底的整个柱形水体的日生产力,可用算术平均值累计法获取。如某水体某日的 0.0 m、0.5 m、1.0 m、2.0 m、3.0 m、4.0 m 处的总生产力分别为 $2.0\ mg(O_2)/L$、$4.0\ mg(O_2)/L$、$2.0\ mg(O_2)/L$、$1.0\ mg(O_2)/L$、$0.5\ mg(O_2)/L$、$0.0\ mg(O_2)/L$,则某水柱总生产力的计算见表21-1。

表21-1　水柱总生产力计算例表

水层/m	$1\ m^2$水层下水层体积/L·m⁻²	每升平均日生产量/mg·(L·d)⁻¹	每 $1\ m^2$ 水面下各水层日产力/g(O₂)·(m²·d)⁻¹
0.0~0.5	500	(2.0+4.0)÷2=3.00	3×500×0.001=1.50
0.5~1.0	500	(4.0+2.0)÷2=3.00	3×500×0.001=1.50
1.0~2.0	1000	(2.0+1.0)÷2=1.50	1.5×1000×0.001=1.50
2.0~3.0	1000	(1.0+0.5)÷2=0.75	0.75×1000×0.001=0.75
3.0~4.0	1000	(0.5+0.0)÷2=0.25	0.25×1000×0.001=0.25
0.0~4.0 （水柱生产力）			1.50+1.50+1.50+0.75+0.25=5.5

水体营养类型划分标准可以参考表21-2。

表21-2　水体营养类型划分标准

水体营养类型	划分标准
贫营养型	< 1 g(O₂)/(m²·d)
中营养型	1~3 g(O₂)/(m²·d)
富营养型	3~7 g(O₂)/(m²·d)
高富营养型	> 7 g(O₂)/(m²·d)

三、实验用品

1.材料

湖泊、水库或池塘。

2.器材

便携式溶氧仪、温度计、水下照度计、便携式 pH 计、透明度盘、采水瓶、黑色塑料袋、线绳、采水瓶支架、采水器、烧杯、吸管、剪刀等。

3.试剂

浓硫酸、硫酸锰溶液（400 g $MnSO_4 \cdot 4H_2O$ 加蒸馏水至 1000 mL）、碱性碘化钾溶液（500 g NaOH+150 g KI 加蒸馏水至 1000 mL）。

四、实验内容

1.水生生态系统的选择

选择水深超过 3 m 的湖泊、水库或池塘，进行水体初级生产力测定实验。调查并记录采样水体的水深、温度、透明度及 pH 值等生态因子（详细测定方法见实验二十四不同水体生态因子观测），并描述水草的分布情况。生态因子测量深度和分层应与挂瓶深度和分层一致。

2.挂瓶层数

一般浅水湖泊（水库或池塘），可在水深 0.0 m、0.5 m、1.0 m、2.0 m 和 3.0 m 处分层挂采水瓶；对于较深的湖泊需要用水下照度计测量照度后再确定挂瓶深度和层数，一般按照表面照度的 100%、50%、25%、10%、1% 的深度分层。每层设三个重复样本。按照设计水层准备好挂瓶支架，共 3 个支架，每个支架每层可挂两个采水瓶（黑瓶和白瓶）。

3.取样与挂瓶曝光

首先，对挂瓶分样本、分层进行编号。在向瓶中灌水时，一定要把采水器的胶管插入瓶底，待瓶灌满后还要继续灌入，使溢出水量为瓶容积的 1/3~1/2，以保证排尽瓶中空气。初始瓶中要立即加入 1 mL 硫酸锰与 2 mL 碱性碘化钾对溶解氧进行固定，盖紧瓶塞，装入采集筐中。将黑、白瓶固定在支架的相应分层上，待各层黑白瓶处理完毕后，在支架的上面系上浮子下面坠一重物，然后将挂瓶支架放入水中进行曝光培养。在水中曝光 24 h。挂瓶深度和分层应与采水深度和分层一致。

4.取瓶

曝光结束后取出支架，将挂瓶从支架上解下来，打开瓶塞，分别加入 1 mL 硫酸锰溶液和 2 mL 碱性碘化钾溶液,对黑、白瓶进行溶解氧的固定。

5.溶解氧的测定

利用便携式溶氧仪或碘量法在实验室内测定各层各瓶(初始瓶、黑瓶、白瓶)水样中的溶解氧。溶解氧的具体测定方法参考"实验二十四 不同水体生态因子观测"。

6.注意事项

(1)采水和挂瓶的地方应当比较开阔,注意不要有大树或高楼遮光。为避免风浪和气候的影响,应选择晴天、弱风的上午开展实验挂瓶。

(2)取水要用专用的采水器,要注意采水器的容积,保证每层各瓶中所灌入的水样为采水器同一次采集的水。

(3)如果光合作用很强,氧过饱和,在瓶中形成大的氧气泡不能溶于水,应将瓶稍微倾斜,小心打开瓶塞,加入固定剂,再盖上瓶盖充分摇匀,然后带回实验室进行测定。

五、思考题与作业

(1)整理实验数据,统计分析水体中各水层日生产力和每平方米水柱生产力,并基于实验结果对研究水体的生产性能和生境质量进行初步评价。

(2)归纳总结影响水体初级生产力的主要因素。

(3)如果要测定流水(河流)中的初级生产力,请设计实验方案。

六、参考与拓展文献

[1] 付必谦,张峰,高瑞如.生态学实验原理与方法[M].北京:科学出版社,2006.

[2] 付荣恕,刘林德.生态学实验教程[M].2版.北京:科学出版社,2010.

[3] 李铭红,吕耀平,颉志刚,等.生态学实验[M].浙江:浙江大学出版社,2010.

[4] 娄安如,牛翠娟.基础生态学实验指导[M].2版.北京:高等教育出版社,2014.

[5] 韩耀全,黄励,施军,等.常用水体初级生产力测定方法的结果差异分析

[J].江苏农业科学,2018,46(1):201-206.

[6] 中华人民共和国水利部.水质 初级生产力测定——"黑白瓶"测氧法:SL 354—2006[S].北京:中国水利水电出版社,2007.

[7] 汪益嫔,张维砚,徐春燕,等.淀山湖浮游植物初级生产力及其影响因子 [J].环境科学,2011,32(5):1249-1256.

[8] 杨持.生态学[M].3版.北京:高等教育出版社,2014.

[9] 张琪,袁轶君,米武娟,等.三峡水库香溪河初级生产力及其影响因素分析 [J].湖泊科学,2015,27(3):436-444.

[10] 杨国亭,张悦.池塘浮游植物的初级生产力及其与若干生态因子间的关系 [J].植物研究,1991,11(2):101-108.

‖ 实验二十二 ‖
森林凋落物的收集与分解

一、实验目的

理解森林凋落物分解过程及其原理,掌握凋落物的收集方法,掌握网袋法测定凋落物分解的操作步骤和计算方法,了解森林凋落物分解对维持森林地力、生态系统内水分涵养和养分供应及其指导森林经营的作用。

二、实验原理

凋落物一般是指自然界植物在生长发育的过程中所产生的新陈代谢产物,由植物地上部分产生并归还到地面,作为分解者的物质和能量来源,从而维持森林生态系统功能持续稳定的所有有机质的总称。在森林生态系统中,森林凋落物一般包括落枝、倒木、枯立木、落叶、落皮、枯死草本、枯死树根、落地的营养和繁殖器官、动物残骸以及它们的异化代谢产物等。

凋落物是森林生态系统中物质交换的中枢。森林每年都以凋落物的形式,归还给土壤大量的有机物和无机物质,即凋落物的凋落和分解。影响凋落物分解的因素主要有森林结构特征、凋落物的理化性质、环境条件(特别是湿度)、土壤理化性质以及土壤动物和土壤微生物的活动状况等。凋落量和分解量的差值,形成了林地的凋落物层,其厚度取决于地理位置和森林类型。凋落物层是在森林生态系统各组成成分的相互作用过程中形成的,是土壤最有活力的部分。

凋落物的分解过程通常分三个过程:① 淋溶过程,凋落物中的可溶物质通过降水被淋溶;② 粉碎过程,动物摄食、土壤干湿交替、冰冻、解冻等,使凋落物变小或转化;③ 代谢分解过程,主要通过微生物将复杂的有机物转化为简单分子。三个过程同时发生,并以土壤生物的影响为主导。

凋落物按其分解程度可分为3个等级:① 未分解凋落物,凋落物无腐烂现象及动物噬咬的痕迹,凋落物完整或仅因为非生物的机械作用而有碎裂,多为当年刚刚凋落的枯落物;② 部分分解的凋落物,有明显的土壤动物噬咬的痕迹,凋落物的颜色发生明显的变化,组织松软易碎,或有菌丝侵入;③ 碎屑,凋落物的分解较完全,从外表已无法分辨其所属的器官。

森林凋落物的收集可在森林中设置若干样地进行,通常采用网袋法测定凋落物的分解,其分解过程可用Olson(1963)的分解指数衰减模型来描述,即:

$$y = a \cdot e^{-rt}$$

式中:y——某一时刻的分解残留百分比;t——分解时间(天、周、月或年);r——分解速率;a——修正系数。

通过测定不同分解时间凋落物残留量的干物重,求出模型参数,再分别计算出50%和95%的凋落物分解所需的时间,即$t_{0.5}$和$t_{0.95}$。

三、实验用品

1.材料

结构完整、较为成熟的天然林或次天然林,林下凋落物。

2.器材

卷尺,布袋,烘箱,塑料标签,铅笔,分析天平,尼龙网袋(长×宽=25 cm×20 cm,网眼2 mm×2 mm),剪刀,瓷盘。

四、实验内容

1.凋落物的收集

(1)选择典型森林及其林下凋落物作为实验材料,根据森林的群落类型和生境状况选择和设置样地,并调查样地的物种组成、群落结构及生境资料,具体方法参考“实验十四 植物群落调查方法”和“实验十五 植物群落种类组成和数量特征”。

(2)在样地中随机设置5个1 m×1 m的样方,1个月后分别收集样方中的凋落物。

(3)将每个样方的凋落物按叶,枝条+树皮,繁殖体(主要为花、果实和种子等)和碎屑厚度(不能辨认属于任何植物器官的碎屑)分类,再将各类分成未分解和部分分解两部分,分别装进布袋并贴好标签。同一样方所有凋落物装在一个口袋,带回实验室。

(4)将带回的凋落物室温风干并称重,通过烘干法计算风干凋落物含水量。计算风干样品烘干后的重量,将数据记入表22-1中。

表22-1 凋落物收集记录表

样地	叶干重/g		(枝条+树皮干重)/g		繁殖体干重/g		碎屑厚度/cm
	未分解	部分分解	未分解	部分分解	未分解	部分分解	
1							
2							
3							
4							
5							

2.凋落物的分解

(1)将上述风干的未分解的叶片作为凋落物分解的实验材料,把5个样方中未分解的叶片充分混匀,备用。

(2)称取混匀后的叶片10.000 g左右,放入25 cm×20 cm的尼龙网袋中,编号并贴好标签,共20袋。

(3)将装好的网袋安放于林内地面,安放时把地面的凋落物拨开,挖去少量泥土,使网袋上表面和地面凋落物相平。

(4)分别于安放后的3个月、6个月、9个月和12个月随机收回5袋凋落物,以代表每次取样的5个重复。

(5)将每次取样的5袋凋落物带回实验室,从网袋中取出凋落物,用自来水清洗干净(除沙和泥),并去除石子和新根,然后于85 ℃烘箱中烘干至恒重,称重后将数据记录在表22-2中,并计算干重残留百分比。

表22-2 凋落物分解记录表

分解时间/月	编号	原干重/g	分解后干重/g	干重残留百分比/%	干重平均残留百分比/%
3					
6					
9					
12					

3.数据统计

（1）对凋落物干重平均残留百分比 y，计算对数值 $\ln y$。

（2）对 Olson 分解指数衰减模型 $y = a \cdot e^{-rt}$ 两边取对数，得到：$\ln y = \ln a - r \cdot t$。设 $Y = \ln y$，$A = \ln a$，$B = -r$，$X = t$，可将 $\ln y = \ln a - r \cdot t$ 转换成 $Y = A + BX$。

（3）以各取样时间段的 $\ln y$ 为纵坐标，分解时间 t 为横坐标，作直线趋势图，并求出回归方程 $Y = A + BX$ 的系数 A 和 B，进而求出 $y = a \cdot e^{-rt}$ 中各参数，建立分解模型，得出该凋落物的分解速率r。

(4)将$y=0.5$以及$y=0.05$代入$t=(\ln a-\ln y)/r$,求出$t_{0.5}$和$t_{0.95}$,进而得出50%和95%的凋落物分解所需的时间,单位为月。

4.注意事项

(1)实验材料的选择应具有代表性,条件许可的话可考虑增加材料类型,增加实验材料的多样性。

(2)在凋落物分解实验中,应仔细混匀初始凋落物,保证用于分解的凋落物组成一致,减少实验误差。

五、思考题与作业

(1)在凋落物分解实验中,只采用非分解叶片作为分解材料,请分析为何不采用枝干、树皮等材料?

(2)在凋落物收集和分解时,如何减少动物取食等不利因素的影响?

六、参考与拓展文献

[1]付荣恕,刘林德.生态学实验教程[M].2版.北京:科学出版社,2010.

[2]高志红,张万里,张庆费.森林凋落物生态功能研究概况及展望[J].东北林业大学学报,2004,32(6):79-80+83.

[3]郭剑芬,杨玉盛,陈光水,等.森林凋落物分解研究进展[J].林业科学,2006,24(4):93-100.

[4]国庆喜,孙龙.生态学野外实习手册[M].北京:高等教育出版社,2010.

[5]姜汉侨,段昌群,杨树华,等.植物生态学[M].2版.北京:高等教育出版社,2010.

[6]李志安,邹碧,丁永祯,等.森林凋落物分解重要影响因子及其研究进展[J].生态学杂志,2004,23(6):77-83.

[7]娄安如,牛翠娟.基础生态学实验指导[M].2版.北京:高等教育出版社,2014.

[8]王从彦.全球变化背景下森林凋落物分解的驱动动力学研究[D].南京:南京大学,2011.

[9] 宋新章, 江洪, 张慧玲, 等.全球环境变化对森林凋落物分解的影响[J]. 生态学报, 2008, 28(9):4414-4423.

[10] 徐璇, 王维枫, 阮宏华.土壤动物对森林凋落物分解的影响:机制和模拟[J]. 生态学杂志, 2019, 38(9):2858-2865.

[11] 杨持.生态学[M].3版.北京:高等教育出版社, 2014.

[12] 章家恩.普通生态学实验指导[M].北京:中国环境科学出版社, 2012.

‖实验二十三‖
不同植物群落生态因子观测

一、实验目的

　　理解太阳辐射强度、空气温度、空气湿度、土壤温度和土壤含水量等生态因子的测定原理和生态意义，掌握各种生态因子测定的技术方法，了解不同植物群落间、植物群落与空旷地间生态因子的差异以及造成这些差异的主要因素。

二、实验原理

　　植物群落与环境密不可分，在任何一个植物群落的形成过程中，植物不仅对环境具有适应能力，而且对环境也有巨大的改造作用。随着植物群落的发育直到成熟，群落的内部环境也不断发生着变化。不同的植物群落，其生态因子（如太阳辐射强度、空气温度、空气湿度、土壤温度和土壤含水量等）存在明显的差异。生态因子对植物的生长发育具有重要作用，会影响群落的种类组成和结构动态。

1.太阳辐射强度

　　太阳辐射强度是指单位时间内单位面积所受到的热辐射能量。测定太阳辐射通常有两种途径，第一种途径是测定辐射量，即入射到接收表面上的辐射量。第二种途径是测定太阳辐射中的可见光能量，即物体表面所获得的光通量，以勒克斯（lx）表示。第二种途径常被生态学工作者所采用，测量仪器照度计以光电原理为基础。太阳辐射会影响植物形态的建成和生殖器官的生长发育，也与很多动物的行为有着密切的关系。植物光合器官叶绿素的形成、花的发育、果实的成熟和品质都离不开一定时间和一定强度的太阳辐射。一般来讲，会根据光的强弱和动物的活动规律把动物分为昼行性动物，如灵长类、有蹄类、蝴蝶等；夜行性动物，如蝙蝠、家鼠、蛾类等；另外还有一些介于其中，如田鼠等。昼行性动物（或夜行性动物）只有当光照强度上升到一定水平(或下降到一定水平)时,才开始一天的活动,因此太阳辐射会对这些动物的活动产生较大影响。

2.空气温度

空气温度,即气温,是表示空气冷热程度的物理量。空气中的热量主要来源于太阳辐射,太阳辐射到达地面后,一部分被反射,一部分被地面吸收,使地面增热;地面再通过辐射、传导和对流把热传给空气,这是空气中热量的主要来源。空气温度的测量一般采用水银温度计。空气温度主要影响生物的生长和发育,在生物生长方面主要通过影响生理生化过程中的酶的活性而影响生物的生长,对生物发育方面的影响较为普遍的现象和规律就是"春化"和有效积温。

3.空气湿度

空气湿度是表示空气中水汽含量和湿润程度的气象要素,常用空气相对湿度表示。空气相对湿度指水在空气中的蒸汽压与同温度同压强下水的饱和蒸汽压的比值。一定的温度下,一定体积的空气里含有的水汽越少,则空气越干燥;水汽越多,则空气越潮湿。空气湿度测定一般采用通风干湿表。在生态学中,空气湿度是一个非常关键的量,是生态系统的一个重要组成因子。空气湿度会影响植物叶面上气孔的开关和植物的呼吸,长时期湿度过低会导致土壤和植物失水而影响植物的生长发育和生产量。空气湿度也会影响动物的生长发育,如蜗牛只有在它们的皮肤有一定湿度的情况下才能吸收氧气。

4.土壤温度

土壤温度是指地面以下土壤中的温度。土壤温度是植物地下部分的环境要素之一,会随着气候,地形,植被,土壤类型及其物理性质(土壤含水量、孔隙度、结构、坚实度和质地等)等因子的变化而变化。土壤温度的测量一般采用地温计,地温计可分为地面温度计、直管地温计、曲管地温计和直管地温表四种类型。测量地温时通常测量0 cm、5 cm、10 cm、15 cm、20 cm、30 cm和50 cm等7个深度的土壤温度。土壤温度影响着植物的生长、发育和土壤的形成。土壤中各种生物化学过程,如微生物活动所引起的生物化学过程和非生命的化学过程,都受土壤温度的影响。在一定的温度范围内,土壤温度越高,植物的生长发育越快。但是,过高或过低的土壤温度会对植物造成严重伤害甚至导致死亡。

5.土壤含水量

土壤含水量,也称土壤水分含量,一般是指土壤绝对含水量,即100 g烘干土中含有若干克水分。土壤含水量可以表示土壤中水分的相对多少。土壤水分是土壤内部物理、化学和生物过程不可缺少的介质,是动物、植物、微生物与环境间进行各种物质交换的媒介。土壤水分是植物吸收水分的来源,影响土壤肥力、土壤温度和通气状况,对植物的产量和品质有重要的作用。土壤含水量的测定通常包括两种方法,烘干法和酒精燃烧法。

(1)烘干法。在(105±2)℃的条件下,水分从土壤中全部蒸发,而结构水不易被破坏,土壤有机质也未分解。因此,将土壤样品置于(105±2)℃下,烘至恒重,所失去的质量即为水分的质量,根据其烘干前后质量之差,就可以计算出土壤含水量的百分数。

(2)酒精燃烧法。该法是利用酒精在土壤样品中燃烧放出的热量,使土壤水分蒸发,通过土壤燃烧前后质量之差,计算出土壤含水量的百分数。

这两种方法是用不同的方式烘干土壤中的水分,其中烘干法是目前国际上土壤水分测定的标准方法,它具有准确度高、可批量测定的特点。酒精燃烧法测定的含水量准确度稍低,但具有快速简便的特点,在生产上也有较高的应用价值。

三、实验用品

1.材料

林地、无林地(空旷地)等。

2.试剂

95%酒精。

3.器材

照度计、水银温度计、曲管地温表、通风干湿表、烘箱、干燥器、天平、铝盒、石棉网、牛角勺、铁铲、卷尺等。

四、实验内容

选择2~3个郁闭度存在明显差异的林地、1个无林地(空旷地)作为研究样地,观测并分析太阳辐射强度、空气温度、空气湿度、土壤温度和土壤含水量等生态因子的差异。

(1)选择郁闭度明显不同的林地2~3个、无林地1个作为实验样地,并在每个样地分别设置观测点:林地从林缘向中心均匀选取5个点,无林地随机选取5个点。

(2)在每个观测点,分别离地0.0 m、0.5 m、1.0 m、1.5 m、2.0 m处,从8:00~18:00,每隔2 h,用照度计测定太阳辐射强度。

(3)在每个观测点离地面1.5 m处,从8:00~18:00,每隔2 h,用气温度计测量空气温度,用通风干湿表测定空气湿度。

(4)在每个观测点,从8:00~18:00,每隔2 h,用曲管地温表测定不同土层的温度。曲管地温表埋设深度分别为离地面5 cm、10 cm、15 cm和20 cm。

(5)在每个观测点,用环刀在离地面10 cm土层处取样(或根据具体的土壤剖面分层取样),装入铝盒中,带回实验室,用烘干法或酒精燃烧法测定土壤含水量。

(6)整理和统计观测数据,并绘制生态因子变化曲线图,分析各生态因子的变化规律及其在各群落间的差异。

(7)注意事项:

①土壤燃烧时易造成有机质损失,故有机质含量高的土壤不宜用酒精燃烧法测定其含水量。

②林地及无林地各生态因子的观测,保证在相同的时间点进行,这样获得的数据才具有可比性。

五、思考题与作业

(1)基于实验样地和实验结果,分析造成各植物群落间生态因子差异的原因。

(2)查阅资料,分析归纳各生态因子之间的相互关系及其对群落种类组成、生长发育的影响。

六、参考与拓展文献

[1]国庆喜,孙龙.生态学野外实习手册[M].北京:高等教育出版社,2010.

[2]姜汉侨,段昌群,杨树华,等.植物生态学[M].2版.北京:高等教育出版社,2010.

[3]李庆康,马克平.植物群落演替过程中植物生理生态学特性及其主要环境因子的变化[J].植物生态学报,2002,26(增刊):9-19.

[4] 娄安如，牛翠娟.基础生态学实验指导[M].2版.北京：高等教育出版社，2014.

[5] 孙振钧，周东兴.生态学研究方法[M].北京：科学出版社，2010.

[6] 杨持.生态学[M].3版.北京：高等教育出版社，2014.

[7] 章家恩.普通生态学实验指导[M].北京：中国环境科学出版社，2012.

[8] 郑姗姗，蔡丽平，吴鹏飞.森林植被恢复与环境生态因子互作关系研究进展[J].生态科学，2020，39(5)：227-232.

[9] 朱志红.生态学野外实习指导[M].北京：科学出版社，2014.

‖ 实验二十四 ‖
不同水体生态因子观测

一、目的和意义

通过实验,理解透明度、水温、pH值、电导率和溶解氧等各类生态因子的测定原理和意义,掌握各类生态因子的测定技术,了解不同实验水体的水质现状及其差异,并分析导致其差异的原因。

二、实验原理

水体中各类生态因子是水生生态系统的主要组成部分。各类生态因子彼此联系,互相作用。生态因子对生物的作用不是单一的,而是各类因子对生物综合起作用。同时,任何一个因子的变化,也会引起其他因子不同程度的变化以及反应。生态因子会在生物发育的不同阶段对生物发生直接作用或间接作用、主导影响或辅助影响,但这些生态因子都是不可替代的,只能在一定范围内发生一定程度的补偿。关注水体的功能和质量,不能只关注水体的物理化学指标,更应从生态系统整体性角度出发,进行系统性的监测和保护。

1.透明度

透明度是水质指标,分透明、亚透明、半透明三类。水体透明度取决于水的浑浊度和色度。浑浊度是指水中混有各种浮游生物和悬浮物所造成的浑浊程度,色度是指水中悬浮生物和溶解有机物造成的颜色。水体透明度降低会直接影响水生植物的光合作用,从而导致水生植物生物量减少和多样性降低,破坏水体生态环境。水体透明度的测定方法主要有透明度计法和透明度盘法。透明度计法适用于天然水和轻度污染水的测定,透明度盘法(塞氏盘法)适用于地面水的现场测定。

2.水温

水温是指水体的温度,是太阳辐射、长波有效辐射、水面与大气的热量交换、水面蒸发、水体的水力因素及水体地质地貌特征、补给水源等因素综合作用的热效应。水温直接影响着水体的理化性质和水生生物的生长发育。水温与浮游生物的消长密切相关,温度升高有利于提高藻类吸收营养盐的速度,有利于加快藻类的生长,浮游动物最大摄食率亦随温度升高而增大。水温一般采用水温计、深水温度计或颠倒温度计3种类型温度计测定。水温计适用于测量水的表层温度,测量范围-6~+40 ℃,分度值为0.2 ℃。深水温度计适用于水深40 m以内的水温的测量,测量范围为-2~+40 ℃,分度值为0.2 ℃。颠倒温度计(闭式)适用于测量水深在40 m以上的各层水温,由主温计和辅温计组装而成:主温计测量范围-2~+32 ℃,分度值为0.10 ℃;辅温计测量范围为-20~+50 ℃,分度值为0.5 ℃。

3.pH值

pH值是指溶液中氢离子的总数与总物质的量的比。pH值表示水的酸碱性强弱,而酸度或碱度是水中所含酸性或碱性物质的含量。pH值是水化学中常见的和最重要的检验项目之一,其变化预示了水污染的程度。鱼类最适宜在pH值为7.5 ~ 8.5的中性或微碱性的水体中生长。pH值受水温的影响,测定时需要在规定的温度条件下进行或进行温度校正。pH值由测量电池的电动势而得。在25 ℃,溶液中每变化1个pH值单位,电位差改变为59.16 V,据此在仪器上直接以pH值的读数表示。

4.电导率

电导率是水体物理性状指标之一。水的电导率与其所含电解质的量密切相关,在一定浓度范围内,离子的浓度越大,所带的电荷越多,电导率也就越大,因此,该指标可间接推测水中离子的总浓度或含盐量。纯水电导率很小,当水中含无机酸、碱或盐时,电导率会增加。

5.溶解氧

溶解氧是指溶解于水中的分子态氧,它以每升水中氧气的毫克数表示。水中溶解氧的含量主要与大气压力、水温及含盐量密切相关。在自然情况下,大气压力和水体含盐量均变动不大,故水温是导致溶解氧变化的主要因素,水温愈低,水中溶解氧的含量愈高。水中溶解氧量是水质的重要指标之一,也是水体净化的重要因素之一,溶解氧高有利于水中各类污染物的降解,从而使水体较快得以净化;反之,溶解氧低,水中污染物降解较缓慢。测量溶解氧主要有碘量法和电化学法两种。碘量法属于氧化还原滴定法,是测定水中溶解氧的基准方法。此方法适用于各种溶解氧浓度大于0.2 mg/L和小于氧的饱和浓度两倍(约20 mg/L)的水样。多数还原性有机物,如腐殖酸和木质素等会对使用碘量法测定的溶解氧产生干扰,可氧化的硫化物也易产生干扰。当含有这类物质时,宜采用电化学法。

三、实验用品

1.材料

池塘水、生活污水、自来水等。

2.试剂

pH标准缓冲液,标准氯化钾溶液(0.0100 mol/L),$MnSO_4$溶液(240 g $MnSO_4 \cdot 4H_2O$溶于水中,用水稀释至500 mL),碱性KI溶液(75 g KI溶于100 mL水中,取250 g NaOH溶于150~200 mL水中,待NaOH溶液冷却后,将上述两种溶液合并后用水稀释并定容至500 mL),硫酸溶液(2 mol/L),淀粉(10 g/L),重铬酸钾标准溶液(0.2500 mol/L),硫代硫酸钠标准溶液(0.0250 mol/L)。

3.器材

透明度计、透明度盘、水温计、深水温计、颠倒温度计、pH计、电导率仪、恒温水浴锅、便携式溶氧仪、采水器、采水瓶、钢卷尺、皮卷尺、棕色滴定管、碘量瓶、溶解氧瓶、量筒、移液管、塑料桶、烧杯、标签纸等。

四、实验内容

选择水质差异明显的2~3个水体作为实验对象,在每个水体从边缘到中心均匀设置5个测量点(或根据具体测定指标设点),在每个测量点测定水体透明度,并分层测定水温、pH值、电导率、溶解氧等生态因子,基于实验结果对水质及其影响因素进行比较分析。

1. 透明度的观测

(1)透明度计法。

①将充分混匀的水样转移至透明度圆筒,逐渐降低试样高度,直到从上面刚好能清晰地看到印刷和测试标志为止,读取此时的水柱高度。重复进行实验3次,求出平均值。透明度以水柱高度的厘米数表示,记录精确到0.01 cm。超出30 cm为透明水样。

②注意事项:

a.悬浮物质多的水样,悬浮物质可能在透明度计的底部发生沉积,进而产生误差。

b.照明条件应尽可能一致。光源原则上为白色光,避免直射日光。

(2)透明度盘法。

①在晴天水面平稳时,用吊绳将透明度盘放低浸入水中,一直到从上面观察几乎看不见透明度盘为止。测量吊绳浸入水中部分的长度,重复3次,求出平均值,即为透明度。1 m以内,用cm表示,结果的记录精确到0.01 cm;1 m以上深度,用m表示,结果的记录精确到0.1 m。

②注意事项。

a.在雨天及大量混浊水流入水体时,或水面有较大波浪时,不宜测定。

b.透明度盘下重锤一般重2 kg左右。如在水流时测定易使盘面倾斜,应使重锤加重。

2. 水温的观测

(1)表层水温的测定。

将水温计投入水中至待测深度,感温5 min后,迅速上提并立即读数。从水温计离开水面至读数完毕应不超过20 s。

(2)水深在40 m以内水温的测定。

将深水温度计投入水中,与表层水温测定的相同步骤进行测定。

(3)水深在40 m以上水温的测定。

将安装有闭端式颠倒温度计的颠倒采水器,投入水中至待测深度,感温10 min后,由"使锤"作用打击采水器的"撞击开关",使采水器完成颠倒动作。感温时,温度计的贮泡向下,断点以上的水银柱高度取决于现场温度,当温度计颠倒时,水银在断点断开,分成上、下两部分,此时接受泡一端的水银柱示度,即为所测温度。

上提采水器,立即读取主温计上的温度。根据主、辅温计的读数,分别查主、辅温计的器差表得相应的校正值。

颠倒温度计的还原校正值K的计算公式为:

$$K = \frac{(T-t)(T+V_0)}{n} \left(1 + \frac{T+V_0}{n}\right)$$

式中:T——主温计经器差校正后的读数;t——辅温计经器差校正后的读数;V_0——主温计自接受泡至刻度0 ℃处的水银容积,以温度度数表示;$1/n$——水银与温度计玻璃的相对膨胀系数;n通常取值为6300。

(4)注意事项。

①主温计水银柱断裂应灵活,断点位置固定,复正温度计时,接受泡水银应全部回流,主、辅温计应固定牢靠。颠倒温度计需装在颠倒采水器上使用。

②水温计或颠倒温度计应定期由计量检定部门进行校核。

3.pH值的观测

(1)样品测定。

测定样品时,先校准pH计,然后用蒸馏水认真冲洗电极,再用水样冲洗,将电极插入样品中,小心摇动或进行搅拌使其均匀,静置,待读数稳定时记下pH值。

(2)注意事项。

① 玻璃电极在使用前先放入蒸馏水中浸泡24 h以上。

② 玻璃电极表面受到污染时,需进行处理。如果系附着无机盐结垢,可用温稀盐酸溶解;对钙镁等难溶性结垢,可用EDTA二钠溶液溶解;沾有油污时,可用丙酮清洗。注意忌用无水乙醇、脱水性洗涤剂处理电极。

③ 测定pH值时,为减少空气和水样中二氧化碳的溶入或挥发,在测水样之前,不应提前打开水样瓶。

4.电导率的观测

(1)温度调节。

调节水浴温度至25 ℃,将4支盛有标准氯化钾溶液的试管和水样试管(每种水样两支试管)放入水浴中,使达到恒温。

(2)电导池常数C的测定。

用3支试管中的标准氯化钾溶液依次冲洗电极和50 mL小烧杯,将第4支试管中的标准氯化钾溶液倒入 50 mL 小烧杯中。根据仪器说明书的要求插入电极,测量其电阻 R_{KCl},按 $C=141.3R_{KCl}$ 计算电导池常数 C。

(3)水样测定。

先用第 1 支水样冲洗电极和 50 mL 小烧杯,再将第 2 支水样倒入 50 mL 小烧杯中,测量其水样电阻 R_s。若测量水样温度不是 25℃时,应记录测定时的温度。

(4)结果。

如测定时的水样温度为 25℃时,水样电导率 K_s(mS/m)为

$$K_S = CR_s = \frac{141.3R_{KCl}}{R_s}$$

式中:C——电导池常数;R_s——测定水样电阻的读数;R_{KCl}——0.0100 mol/L标准氯化钾溶液的电阻。

如定时水样的温度不是 25 ℃,应用下式换算成 25 ℃时的电导率 K_s:

$$K_S = \frac{K_t}{[1 + a(t - 25)]}$$

式中:t——测定时水样的温度;K_t——在温度 t ℃下测定水样电导率的读数;a——水样中各种离子电导率平均温度系数,取值为 0.022。

5.溶解氧的观测

(1)碘量法。

① 采集:将胶管的一端接上玻璃管,另一端套在采水器的出水口,放出少量水样淌洗溶解氧瓶两次。将玻璃管插到溶解氧瓶底部,慢慢注入水样,待水样装满并溢出约为瓶子体积的一半时,将玻璃管慢慢抽出。

② 固定:采样后立刻用玻璃移液管或移液枪(管尖靠近液面)加入 1 mL MnSO$_4$ 溶液和 2 mL 碱性碘化钾溶液以固定溶解氧,盖严瓶塞,颠倒混匀几次,此时有黄棕色沉淀析出,带回实验室待测。

③ 测定:在上述溶解氧瓶中加 2 mL 浓硫酸,小心盖好瓶塞,颠倒混匀,放置 5 min,使沉淀充分溶解(否则应补加浓硫酸),然后准确吸取 100 mL 上述溶液于碘量瓶中,立即用 0.0250 mol/L 硫代硫酸钠标准液滴定至呈淡黄色,加 10 g/L 的淀粉 1 mL,当蓝色刚好褪去时即为终点,记录硫代硫酸钠的用量(V)。

④数据统计:碘量法测定溶解氧含量的计算公式如下。

$$溶解氧（mg/L）= \frac{V \times 0.0250 \times 8}{水样体积 \times 1000}$$

式中：V——硫代硫酸钠标准溶液的体积。

（2）溶氧仪测定法。

① 采集水样前先将水样充满采样桶，冲洗两次，采集时尽量减少空气进入，采好后立即盖好盖子，带回实验室测定。

② 将采回水样倒入烧杯时，必须使用乳胶管，管的一端插入采样桶的水中，另一端插入烧杯底部，利用虹吸法将水样倒入烧杯。采集自来水时，先将乳胶管接到水龙头上，放水数分钟，再将乳胶管的另一端插至烧杯底部，收集水样。

③ 仪器的调整和测量方法请参考具体测量仪器的使用说明书。将电极浸入待测溶液中，此时仪器的读数即为被测水样的溶解氧含量。

（3）注意事项。

① 取样和测定时动作必须轻缓，以免使空气中的氧溶解于水样中，或者是水样中的氧逸出，影响测定结果。

② 滴定第一次蓝色褪尽为终点，如重现蓝色，不必再滴定，它是溶液中 NaI 与空气中氧作用而析出 I_2 的结果。

③ 使用 $MnSO_4$ 和 KI 溶液时要用两支吸管，不能混用，否则会在吸管内产生沉淀。

五、思考题与作业

（1）基于实验结果，分析不同水体及同一水体不同位置、不同深度各生态因子之间的差异，并探究导致差异的可能原因。

（2）归纳总结影响水体生态因子差异的因素，如气候因素、土壤因素、地形因素、生物因素和人为因素等。

六、参考与拓展文献

[1] 蔡守华. 水生态工程[M]. 北京：中国水利水电出版社，2010.

[2] 常闻捷，龚利雪，陆嘉昂，等. 水生态分区管理国际经验与太湖流域应用研究[J]. 环境监控与预警，2020，12（6）：59-62.

[3] 王华，逄勇，刘申宝，等. 沉水植物生长影响因子研究进展[J]. 生态学报，

2008，28(8):3958-3968.

[4] 王昱，卢世国，冯起，等.梯级筑坝对黑河水质时空分布特征的影响[J].湖泊科学，2020，32(5):316-328.

[5] 杨持.生态学[M].3版.北京:高等教育出版社，2014.

[6] 章家恩.普通生态学实验指导[M].北京:中国环境科学出版社，2012.

[7] 张艳会，李伟峰，陈求稳.太湖水华程度及其生态环境因子的时空分布特征[J].生态学报，2016，36(14):4337-4345.

[8] 国家技术监督局，国家环境保护局.水质　水温的测定　温度计或颠倒温度计测定法:GB/T 13195—1991[S].北京:中国标准出版社，1992.

[9] 国家环境保护局.水质　pH值的测定　玻璃电极法:GB/T 6920—1986[S].北京:中国标准出版社，1987.

[10] 中华人民共和国水利部.透明度的测定(透明度计法、圆盘法):SL 87—1994[S].北京:中国标准出版社，1995.

[11] 中华人民共和国水利部.电导率的测定(电导仪法):SL 78—1994[S].北京:中国标准出版社，1995.

[12] 国家环境保护局.水质　溶解氧的测定　碘量法:GB/T 7489—1987[S].北京:中国标准出版社，1987.